Universidades e empresas:
40 anos de ciência e tecnologia para o etanol brasileiro

Blucher

Luís Augusto Barbosa Cortez (org.)

Carlos Henrique de Brito Cruz
Gláucia Mendes Souza
Heitor Cantarella
Marie-Anne van Sluys
Rubens Maciel Filho

Universidades e empresas: 40 anos de ciência e tecnologia para o etanol brasileiro

Universidades e empresas: 40 anos de ciência e tecnologia para o etanol brasileiro
© 2016 Luís Augusto Barbosa Cortez (org.)
Editora Edgard Blücher Ltda.

Blucher

Rua Pedroso Alvarenga, 1245, 4º andar
04531-934 – São Paulo – SP – Brasil
Tel 55 11 3078-5366
contato@blucher.com.br
www.blucher.com.br

Segundo Novo Acordo Ortográfico, conforme 5. ed. do *Vocabulário Ortográfico da Língua Portuguesa*, Academia Brasileira de Letras, março de 2009.

É proibida a reprodução total ou parcial por quaisquer meios, sem autorização escrita da Editora.

Todos os direitos reservados pela Editora Edgard Blücher Ltda.

FICHA CATALOGRÁFICA

Universidades e empresas : 40 anos de ciência e tecnologia para o etanol brasileiro / Carlos Henrique de Brito Cruz... [et al.]; Luís Augusto Barbosa Cortez (org.). – São Paulo: Blucher, 2016.
224 p.: il., color.

Bibliografia
ISBN 978-85-212-1062-7

1. Álcool como combustível – Brasil – História 2. Biocombustíveis – Inovações tecnológicas   I. Cruz, Carlos Henrique de Brito   II. Cortez, Luís Augusto Barbosa

16-0409   CDD 662.66920981

Índice para catálogo sistemático:
1.   Álcool como combustível – Brasil – História

Prefácio

O documento a seguir apresenta marcos importantes da história do etanol no Brasil, destacando nomes e fatos, principalmente sob a perspetiva da pesquisa científica e inovação tecnológica em bioenergia da cana-de-açúcar no Brasil. Também menciona alguns pesquisadores que, de alguma forma, contribuíram para o uso de etanol de cana-de-açúcar, em particular, a partir do Proálcool.

A intenção dos autores deste documento não foi apresentar uma lista exaustiva de nomes, dado que somente no estado de São Paulo a comunidade científica atuando direta ou indiretamente em bioenergia chega a quinhentos pesquisadores[1]. Os nomes apresentados neste texto são apenas de representantes de uma geração de cientistas, governantes e empresários que colocaram algo de si em benefício de muitos. São apresentados fatos julgados relevantes para o desenvolvimento do Proálcool, incluindo ações de governo, empresas e universidades. Pode-se afirmar que a trajetória vencedora do etanol combustível no Brasil foi escrita em um esforço coletivo, raro na história brasileira.

Assim, atos e nomes podem ter sido omitidos neste texto de forma não intencional por parte dos autores e daqueles que, de alguma forma, contribuíram para sua realização.

Como a história não para, o livro é encerrado com uma lista de desafios científicos e tecnológicos que merecem a atenção dos governantes, das entidades privadas e da comunidade acadêmica para que esse legado de energia renovável, construído a muitas mãos e com muito esforço, continue a produzir bons resultados para a sociedade brasileira e para o mundo.

---

[1] Levantamento efetuado pela diretoria científica da FAPESP em 2009.

Agradecimentos

Especiais agradecimentos a: Alfred Szwarc, André Furtado, Antonio Bonomi, Carlos Eduardo Vaz Rossell, Carlos Joly, Carlos Labate, Cylon Gonçalves, Eduardo Pereira de Carvalho, Fernando Landgraff, Francisco Nigro, Francisco Rosillo-Calle, Gonçalo Amarante Guimarães Pereira, Heloisa Lee Burnquist, Henrique Amorim, Henry Joseph Júnior, Isaías Macedo, Jaime Finguerut, José Goldemberg, José Luiz Olivério, José Roberto Moreira, José Roberto Postali Parra, Luiz Augusto Horta Nogueira, Márcia Azanha Ferraz Dias de Moraes, Manoel Regis Lima Verde Leal, Marco Aurélio Pinheiro Lima, Marcos Buckeridge, Marcos Guimarães de Andrade Landell, Nelson Ramos Stradiotto, Octavio Antonio Valsechi, Oscar Antonio Braunbeck, Paulo Mazzafera, Pedro Isamu Mizutani, Plínio Nastari, Raffaella Rossetto, Ricardo Baldassin Júnior, Rogério Cezar de Cerqueira Leite, Sérgio Salles, Sergio C. Trindade, Suani Coelho, Telma Franco, Ulf Schuchardt, Waldyr Luiz Ribeiro Gallo e William Burnquist pelas contribuições na revisão deste texto.

Sumário

Introdução 11

1. Antecedentes: perspectiva histórica 15

2. Da criação ao fim do Proálcool 29

3. 1985-2003: estagnação, crise e crescimento 61

4. O século XXI 115

5. Acontecimentos recentes e desafios para o futuro 155

Referências 199

Fontes das imagens 211

Índice onomástico 219

Sobre os autores 223

Introdução

Em 14 de novembro de 1975, por meio do Decreto n. 76.593, o governo brasileiro criou o **Programa Nacional do Álcool (Proálcool)**[1]. Essa ação governamental, motivada principalmente pela súbita elevação dos preços do petróleo (primeiro choque do petróleo), representou um marco no processo de desenvolvimento econômico e social no Brasil. Até então, a imagem da cana-de-açúcar estava ligada a uma economia atrasada, marcada por relações sociais que se faziam objeto de pesquisa de sociólogos e historiadores. Como podia o país se desenvolver com base em um modelo arcaico herdado desde os tempos coloniais?

Dadas as circunstâncias de então, principalmente econômicas e de segurança energética, empresários uniram-se ao governo federal para implantar, em 1975, um conjunto de ações que resultaria no maior programa de energia renovável do mundo, uma iniciativa inédita em um país sem tradição em inovação científica e tecnológica. É bem verdade que a história do Proálcool, cujo lançamento completou quarenta anos em 2015, não foi feita só de sucessos. Embora o Proálcool tenha se encerrado na década de 1980, seu nome ainda é empregado com frequência para descrever as atividades de produção e uso do etanol combustível. Foram muitos os desafios, mas também grande a vontade de vencê-los. A superação das dificuldades iniciais contou sempre com a grande capacidade da comunidade científica nacional em buscar soluções e colaborar com o setor sucroalcooleiro.

Provavelmente, as razões para o sucesso do Proálcool devem-se não só à escolha de uma cultura energética como a cana-de-açúcar e às condições edafoclimáticas existentes no centro-sul brasileiro, mas principalmente à perseverança de empresários, governo e, em grande medida, dos pesquisadores que acreditaram na construção de uma sociedade sustentável no futuro. Das dez maiores economias do

---

[1] Álcool ou etanol (CH_3CH_2OH ou C_2H_5OH ou C_2H_6O) é também chamado álcool etílico.

mundo, o Brasil é hoje o país onde as energias renováveis mais contribuem na matriz energética: 43,5%, sendo que a bioenergia da cana-de-açúcar sozinha responde por 18,1% do total (dados de 2014, Ministério de Minas e Energia, Brasil, 2015b).

Embora de grande significância para o Brasil, a bioenergia moderna ainda é relativamente pouco comum no mundo, cerca de 2,3%, enquanto a bioenergia tradicional responde por cerca de 8%, segundo a Agência Internacional de Energia (IEA, 2008). Note-se que, dos 2,3% da bioenergia moderna, cerca de 1% deve-se à bioeletricidade em países como o Brasil, EUA e Suécia, e cerca dos 1,3% restantes dividem-se entre o etanol de milho nos EUA (0,8%) e o etanol de cana-de-açúcar no Brasil (0,5%). Portanto, embora de grande impacto na economia brasileira, o uso automotivo de etanol de cana ainda tem espaço para crescer significativamente, podendo dar importantes contribuições para a redução de gases de efeito estufa (GEE) no mundo.

A seguir, é apresentado um histórico da bioenergia da cana-de-açúcar no Brasil, dividido em períodos:

- **Até 1975:** desde a introdução da cana-de-açúcar no Brasil e depois, já no século XX, as décadas de 1920 e 1930 como marcantes.

- **1975-1985:** Proálcool, suas fases, um crescimento bastante acelerado de implantação e substituição da gasolina.

- **1986-2003:** estagnação da produção de etanol, fim do Proálcool como programa de governo, crise do etanol em 1989 e crescimento da produção de açúcar a partir de 1990 com a desregulamentação do setor.

- **2003-2008:** introdução do automóvel *flex-fuel*, aceleração do fim das queimadas da cana com consequente crescimento vertiginoso da mecanização da colheita e nova fase de crescimento acelerado da área plantada e das usinas.

- **2009 em diante:** nova crise do setor, perplexidade, perda de produtividade, falta de políticas de governo etc. e perspectivas futuras.

Essa fascinante história é aqui apresentada à luz dos principais eventos científicos e tecnológicos, movidos por uma grande interação entre o setor privado e as universidades públicas. Ao final, lançamos um olhar para o futuro, ainda que marcado pelas incertezas do presente.

Nessa perspectiva histórica, merecem especial destaque os acontecimentos e personagens que contribuíram, principalmente na ciência, tecnologia e inovação, para o sucesso do Proálcool no Brasil, motivo de orgulho para todos os brasileiros!

1. Antecedentes: perspectiva histórica

1532: a introdução da cana-de-açúcar no Brasil

A história do Brasil está intimamente ligada à biomassa, tendo o nome "Brasil" se originado da madeira do pau-brasil[1], cuja exploração constituiu a primeira atividade econômica após a chegada dos portugueses. Com o duplo objetivo de produzir açúcar, altamente valorizado na Europa, bem como "ocupar e desenvolver" as novas terras portuguesas, em 1532 a cana-de-açúcar[2] foi introduzida em terras brasileiras, inicialmente na parte meridional da demarcação estabelecida pelo Tratado de Tordesilhas (Figura 1), na capitania de São Vicente, por seu primeiro donatário **Martim Afonso de Souza** (Figura 2), utilizando mudas trazidas da Ilha da Madeira ou de Cabo Verde[3]. Poucos anos depois, a produção de açúcar de cana foi introduzida com sucesso na capitania de Pernambuco, por Duarte Coelho Pereira[4].

---

1 No ciclo econômico do pau-brasil, que antecedeu o da cana-de-açúcar no Brasil, a madeira era simplesmente explorada visando à obtenção de um corante natural alternativo ao azul de índigo indiano.
2 A **cana-de-açúcar** é uma planta pertencente ao gênero *Saccharum L.* Existem várias espécies do gênero, e a cana-de-açúcar cultivada é um híbrido multiespecífico que recebe a designação *Saccharum spp*. As espécies de cana-de-açúcar são provenientes do Sudeste Asiático.
3 Segundo Câmara (2004), as primeiras mudas de cana-de-açúcar chegaram antes, em 1502, vindas da Ilha da Madeira, trazidas por Gonçalo Coelho. Segundo o autor, Martim Afonso de Souza e outros quatro sócios construíram os primeiros engenhos, sendo que o Engenho dos Erasmos (também conhecido como Engenho do Governador) é o único que deixou vestígios: as ruínas encontram sob a proteção da Universidade de São Paulo.
4 Embora não se saiba com certeza por onde a cana-de-açúcar entrou no continente americano e como se espalhou, especula-se que, em 1493, Cristóvão Colombo teria introduzido no "Novo Mundo" a variedade Crioula, resultado de uma hibridação natural entre *Saccharum officinarum* e *Saccharum barberi* (Bremer, 1932).

Figura 1: Capitania de São Vicente[5].

Figura 2: Martim Afonso de Souza.

Séculos XVI a XIX: crescimento, instabilidade, matriz energética e início das pesquisas sobre cana no país

De início, portanto, o ciclo da cana-de-açúcar estabeleceu-se principalmente na região Nordeste do Brasil. Enfrentou períodos de dificuldade, com a introdução da cana no Caribe e a produção de açúcar de beterraba na França no período de Napoleão Bonaparte, como forma de contornar a falta de açúcar na Europa continental[6].

---

5   Veja ao final do livro a lista completa de referências das figuras.
6   Ver <www.toneis.com.br/modules.php?name=News&file=article&sid=55>.

No apogeu do ciclo, nos séculos XVI e XVII, o açúcar era comercializado originalmente na forma de rapadura. Posteriormente, introduziram-se tachos nos banguês dos engenhos de açúcar. O caldo podia então ser concentrado, e a massa cristalizada podia ser colocada, ainda quente, em formas de argila ou madeira, nas quais terminava o processo de cristalização e retirada do melaço. O açúcar, já cristalizado em um torrão de forma cônica, podia então ser retirado da forma e armazenado. A estes torrões de açúcar dava-se o nome de "pães de açúcar". Em decorrência da semelhança de formato com esses pães de açúcar, a montanha símbolo da cidade do Rio de Janeiro foi denominada "Pão de Açúcar"[7] (Figura 3).

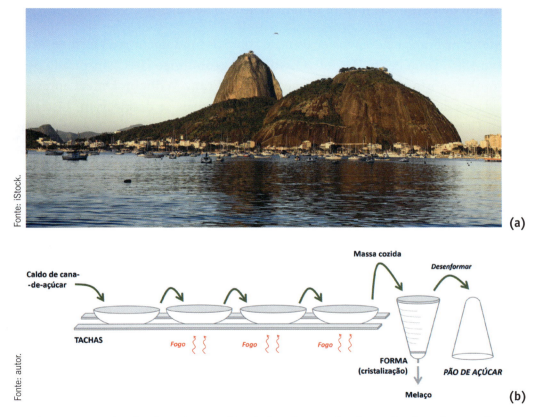

Figuras 3a e 3b: Pão de Açúcar no Rio de Janeiro, assim denominado pela semelhança com os torrões de açúcar.

---

7   Ver <www.bondinho.com.br/origem-do-nome/>.

Do ponto de vista energético, bioenergias de diferentes origens (madeira, carvão vegetal, cana-de-açúcar, ceras, entre outros) foram utilizadas desde o início da colonização, e ainda vêm sendo até os dias de hoje no Brasil.

A biodiversidade brasileira já chamava a atenção do mundo. No início do século XIX, muitos naturalistas europeus, como Alexander von Humboldt, em 1800, Auguste de Saint-Hilaire, em 1816, Carl Friedrich Philipp von Martius, em 1817 e Charles Darwin, em 1833, entre outros, visitaram o país, retratando as abundantes e exóticas espécies vegetais. Em 1808, Dom João VI criou o **Jardim Botânico** do Rio de Janeiro, origem do atual **Instituto de Pesquisas Jardim Botânico** do Rio de Janeiro.

Entre 1847 e 1895, **Louis Pasteur**, na França, desenvolveu estudos sobre os fundamentos da **fermentação alcoólica** (Amorim, 2005). Em 1887, Dom Pedro II criou o **Instituto Agronômico (IAC)**, inspirado pelo sucesso das pesquisas agronômicas norte-americanas. No mesmo ano, **Franz Wilhelm Dafert** apresentou uma relação de 42 variedades de canas nobres da coleção, entre as quais se destacavam: Listrada, Cristalina, Kavangire, Rajada, Tiambo, Bois Rouge, Bourbon, Cayana, Imperial, Poudre d'Or e Rosa (Dafert, 1893, 1894 e 1895, apud Figueiredo, 2011 e Dinardo-Miranda, Vasconcelos e Landell, 2008).

Até o fim do século XIX, houve um domínio absoluto da bioenergia tradicional (extrativismo de madeira) na matriz energética brasileira (Guerra e Cortez, 1992). Enquanto isso, principalmente na Europa, várias tecnologias ligadas à fabricação do açúcar e do álcool estavam sendo desenvolvidas, como as máquinas a vapor que precederam o Ciclo Rankine, vindo a possibilitar a "cogeração", o uso do vácuo na evaporação do caldo, reduzindo o consumo de energia, o processo de fermentação alcoólica, além do desenvolvimento da destilação. Já no final do século XIX, desenvolvia-se na França a destilação fracionada do álcool, vindo a permitir seu uso farmacêutico, químico e combustível (Mariller, 1951).

Assim, como a cana-de-açúcar já era considerada uma cultura importante no estado de São Paulo, o Instituto Agronômico, que já havia iniciado suas pesquisas com a cana-de-açúcar em 1892 com **Franz W. Dafert**, criou seu programa de variedades a partir da década de 1920 (Szmrecsányi, 1979). Mais sobre a história das pesquisas do IAC em cana-de-açúcar é relatado em Figueiredo et al. (2011).

Início do século XX: mudança na matriz energética mundial com a introdução da eletricidade e dos combustíveis líquidos

Já no **início do século XX** observou-se a introdução da eletricidade no Brasil, tendo a geração iniciado com o aproveitamento do potencial hídrico. Também nas primeiras décadas do século XX, pode-se notar a introdução das fontes fósseis (carvão mineral e petróleo), dando maior complexidade à nascente matriz energética brasileira.

Acontecia nessa época um processo de **modernização da indústria açucareira** (Szmrecsányi, 1979) cujo objetivo era aumentar o rendimento da cana-de-açúcar e transformar os velhos engenhos em modernas usinas, possibilitando o processamento centralizado da cana de uma região. Assim nasceram os "**engenhos centrais**".

Em 1903, o então presidente Rodrigues Alves inaugurou a **Exposição Internacional de Aparelhos a Álcool** e teve lugar, também no Rio de Janeiro, o **Primeiro Congresso Nacional de Aplicação Industrial do Álcool**. Segundo relato de **Henry Joseph Júnior** (2009) baseado no livro de **Silva e Frachetti** (2008), a mídia da época afirmava: "O querosene, importado do estrangeiro a bom dinheiro e que não tem as mesmas vantagens de higiene, duração e economia que a do álcool produzido em nossos engenhos, precisa ser, por este imediatamente substituído". O assunto também é tratado por **Roberta Barros Meira** (2012) em sua tese *O emprego do álcool como agente de luz, força motriz e calor: uma solução para a crise açucareira da Primeira República*.

Data de 1908 a criação do **Ford modelo T** por **Henry Ford**, nos EUA, que utilizava álcool e também gasolina como combustíveis (Figura 4).

Ainda segundo Meira (2012), o crescimento da frota de veículos no Brasil foi bastante rápido, alcançando 220 mil unidades em 1929 e aumentando significativamente o consumo de gasolina importada. Portanto, a substituição de parte da gasolina importada por álcool apresentava importância energética e econômica.

Figura 4: Ford modelo T, primeiro *flex*.

Um pouco antes, em 1908, **Arthur Harden** e **William John Young** elaboram a equação da fermentação alcoólica (Amorim, 2005):

$$C_6H_{12}O_6 \rightarrow 2C_2H_5OH + 2CO_2$$

Na década de 1920 observou-se o **surgimento** de empresas do setor açucareiro, como a **Dedini**, que viriam a desempenhar papel fundamental no processo de industrialização do país, notadamente no interior do estado de São Paulo, se tornando verdadeiros ícones do setor sucroalcooleiro no Brasil.

Em 23 de junho de 1927, a **Usina Serra Grande Alagoas (USGA)** lançou o álcool-motor, no Recife, o combustível a base de álcool alternativo à gasolina. Foi o **primeiro grande empreendimento brasileiro em álcool combustível**.

Década de 1930: os primeiros passos na conversão energética da biomassa e o início da produção de álcool no Brasil

A adição obrigatória de álcool à gasolina importada veio em 1931 (Brasil, 1931). Foi criada em 1932 a Estação Experimental de Combustíveis e Minérios, posteriormente transformada, em 1933, no **Instituto Nacional de Tecnologia** (Figura 5), onde **Eduardo Sabino de Oliveira** e **Lauro de Barros Siciliano** deram continuidade aos estudos do uso automotivo de álcool, iniciados na Escola Politécnica de São Paulo (Oliveira, 1937; INT, 1979).

A criação do Instituto do Açúcar e do Álcool (IAA) por Getúlio Vargas e o início do uso de álcool na gasolina

O presidente Getúlio Vargas (Figura 6) criou em 1933 o **Instituto do Açúcar e do Álcool (IAA)** motivado por uma crise no setor açucareiro[8], já que o uso de álcool de cana poderia ajudar os produtores de açúcar a arbitrar entre a produção de açúcar e de etanol, ao mesmo tempo que atenuaria o consumo de gasolina importada no país[9]. Nesse sentido, pode-se creditar a Vargas o nascimento da ideia de um Estado empreendedor usando a bioenergia da cana-de-açúcar como vetor de desenvolvimento.

---

8   A década de 1930 viria a ser de prosperidade para o setor açucareiro, com o aumento do consumo de açúcar na Europa.

9   O Decreto-Lei de 1931 determinava uma mistura de 5% de álcool à gasolina importada, segundo Henry Joseph Júnior, em Silva e Fischetti (2008).

No entanto, as décadas de 1920, 1930 e 1940 foram marcadas pela discussão sobre a existência e a exploração de petróleo no Brasil. Vale a lembrança do empenho de **Monteiro Lobato** na questão do petróleo (*O escândalo do petróleo e ferro*, 1936). O movimento "O petróleo é nosso!", encabeçado por intelectuais da época, levaria à criação da Petrobras na década de 1950.

Em 1931, com o **Decreto-Lei n. 19.717**, passa a ser obrigatório adicionar álcool de cana a toda gasolina no Brasil. O teor de álcool, embora limitado a 5%, variou ao longo do tempo até a década de 1970 na faixa de zero a 5%, em função da disponibilidade do álcool. Durante a Segunda Guerra Mundial, com a gasolina importada em falta, há relatos de uso de teores de álcool superiores a 50%. Em 22 de setembro de 1942, por meio do lançamento do **Decreto-Lei n. 4.722**, o governo declara a indústria alcooleira de interesse nacional e estabelece preços mínimos para o produto[10].

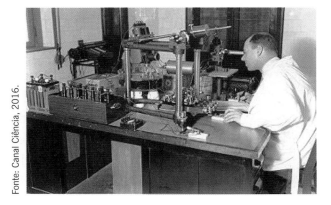

Figura 5: Laboratório do Instituto Nacional de Tecnologia (INT).

Figura 6: Getúlio Vargas.

No entanto, mesmo antes do fim da Segunda Guerra Mundial, o petróleo passou a dominar os transportes e a hidroeletricidade assumiu importância crescente. Apesar disso, a bioenergia, tanto tradicional (lenha e carvão vegetal) como moderna (etanol e bagaço de cana), mantinha sua importância. A lenha perdia peso na matriz, enquanto o uso da cana para fins energéticos tornava-se cada vez maior, sobretudo a partir de 1975. No período 1930 a 1975, o uso médio[11] de etanol na gasolina foi de 5% a 7% (Nogueira, 2008; Figura 7).

---

10   Conforme: <www.novacana.com/etanol/historia-legislacao/>.
11   Valores médios anuais, calculados a partir dos valores mensais definidos pela legislação (assume consumos mensais constantes).

Em 1934, **Oswaldo Gonçalves de Lima** (Figura 8) e **Anibal Ramos de Matos**, da Universidade Federal de Pernambuco, demonstraram que a vinhaça poderia ser utilizada como fertilizante no solo. Apesar do baixo pH (5,0 a 6,0) o solo tratado com ele poderia ser alcalinizado, apresentando um pH próximo de 7,0. Oswaldo Lima criou em 1958, no Recife, o Instituto dos Antibióticos, hoje Departamento de Antibióticos da UFPE (Amorim, 2005).

É de 1938 o livro *Technologia da Fabricação do Álcool*, de **Luiz Machado Baeta Neves**, superintendente técnico das Usinas Junqueira (Amorim, 2005).

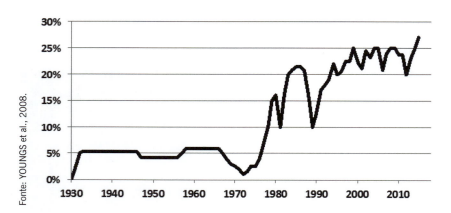

Figura 7: Teor de etanol na gasolina brasileira entre 1930 e 2010.

Figura 8: Oswaldo Gonçalves de Lima.

Década de 1940: o mundo está em guerra, e o Brasil sente

A Segunda Guerra Mundial trouxe problemas para o abastecimento de gasolina do país. Como toda a gasolina era importada, outros combustíveis vieram a ser valorizados além do álcool, como o carvão vegetal. Carros, ônibus e caminhões a gasogênio eram vistos circulando nas ruas das grandes cidades brasileiras. Estima-se que o uso médio de álcool na gasolina no período 1942 a 1946 tenha atingido 42% (Leal, 2008).

Antes do fim da década de 1940, chegou ao Brasil o **processo Melle-Boinot**, divulgado pela empresa **Les Usines de Melle**, tradicional fornecedora de equipamentos (Amorim, 2005).

Década de 1950: criação do Instituto Zimotécnico, da ESALQ[12]/USP

Em 1950, **Jayme Rocha de Almeida** criou o **Instituto Zimotécnico**, na ESALQ/USP, e, anos depois, em 1956, montou a Destilaria Piloto[13] no Departamento de Agroindústria, Alimentos e Nutrição (LAN) da ESALQ/USP. O Instituto Zimotécnico se dedica às leveduras e à fermentação alcoólica.

Entre as pesquisas realizadas pelo Instituto Zimotécnico, destacam-se os trabalhos pioneiros sobre vinhaça e seu uso como fertilizante[14], de **Guido Ranzani** e **Jorge Leme Júnior**[15]. Atualmente, há um grupo de pesquisas bem estabelecido estudando cachaça de qualidade no IZ da ESALQ com pesquisadores como André Alcarde e Aline Bortoletto.

Um outro grupo que estudou o tema da aguardente de cana (cachaça) foi o de **João Batista de Almeida**, da Escola de Engenharia de Lorena (EEL/USP), com o desenvolvimento da "**destilação lenta**" para alambiques e destilarias de maior porte. Há também outros grupos de pesquisa em aguardente e cachaça na Universidade Federal de Lavras (UFLA) e na Universidade Federal de Viçosa (UFV).

1953: a criação da Petrobras

A criação da **Petrobras** se deu em 3 de outubro de 1953 por Getúlio Vargas, por meio da **Lei n. 2.004** de 1952. A nova empresa ficou responsável pela execução do monopólio estatal do petróleo para exploração, refino do produto nacional e estrangeiro, transporte marítimo e sistema de dutos, tendo como objetivo tornar o país autossuficiente em petróleo.

Com a criação da Petrobras e a introdução da indústria automobilística na década de 1950, pensava-se que o país rapidamente alcançaria a autossuficiência em petróleo e que, mais do que isso, poderia criar um modelo de desenvolvimento econômico baseado na produção de veículos, leves e pesados, usando o petróleo como energia.

---

12   Escola Superior de Agricultura Luiz de Queiroz da Universidade de São Paulo.
13   Conforme <www5.usp.br/22638/novas-tecnologias-desenvolvidas-na-esalq-aprimoram-qualidade-de-aguardente/>.
14   Conforme <www.scielo.br/scielo.php?pid=S0071-12761954000100012&script=sci_arttext>.
15   Jorge Leme Júnior ajudou na criação do curso de Engenharia Açucareira da Unicamp, que, infelizmente, não prosperou.

Segundo Getúlio Vargas:

> A organização da Petrobras foi concebida dentro de um ponto de vista nitidamente nacionalista; ela dará o petróleo do Brasil aos brasileiros e tornará possíveis os recursos financeiros vultosos de que necessitamos para explorar uma das maiores fontes de riquezas da civilização.
>
> Essa bandeira nacionalista, eu a venho desfraldando em toda a minha vida e ninguém logrará arrebatá-la de minhas mãos. Coube ao meu passado Governo elaborar a legislação de minas que nacionalizou a propriedade e a exploração de riquezas do nosso subsolo, cristalizando-se, pela primeira vez, a defesa do patrimônio mineral do Brasil[16].

Década de 1960: sociedade de Técnicos Açucareiros Alcooleiros do Brasil (STAB) e do Centro de Tecnologia COPERSUCAR (CTC)

1963: criação da Sociedade de Técnicos Açucareiros Alcooleiros do Brasil (STAB)

Um grupo de técnicos do setor sucroalcooleiro e professores da ESALQ/USP fundaram, em 1963, a **Sociedade de Técnicos Açucareiros Alcooleiros do Brasil (STAB)**[17] com o objetivo básico, já naquela época, de propiciar o intercâmbio científico e cultural entre as várias regiões produtoras de cana-de-açúcar, álcool e derivados, não só no Brasil como também no exterior, sempre primando pela conquista e aprimoramento de novas técnicas e procedimentos colocados em prática desde o campo até a indústria.

1969: criação do Centro de Tecnologia Copersucar (CTC)

"O **Centro de Tecnologia Copersucar (CTC)** foi criado em 1969, em uma iniciativa de um grupo de usinas da região de Piracicaba, a 160 quilômetros da capital paulista, com o objetivo de investir no desenvolvimento de variedades mais produtivas e agregar qualidade à produção de açúcar e álcool. Em 2004, entrou em uma nova era: foi reestruturado como uma OSCIP[18], tendo 60% do setor canavieiro como associado, com o objetivo de se tornar o principal centro mundial de desenvolvimento e integração

---

16 Pronunciamento de Getúlio Vargas quando da criação da Petrobras. Disponível em: <www.memoria.petrobras.com.br>.
17 Ver <www.stab.org.br/>.
18 Ver <www.sebrae.com.br/sites/PortalSebrae/bis/OSCIP-%E2%80%93-organiza%C3%A7%C3%A3o-da-sociedade-civil-de-interesse-p%C3%BAblico>.

de tecnologias disruptivas da indústria sucroenergética. Em 2011, transformou-se em uma empresa de tecnologia com fins lucrativos, e seus acionistas investiram para que o CTC seja capaz de vencer o desafio de dobrar, de maneira economicamente sustentável, a taxa de inovação do setor.

Em seus 46 anos de vida, o CTC deixou sua marca no desenvolvimento da cultura da cana-de-açúcar no Brasil. Nesse período, o ganho de eficiência foi inegável: a produtividade da cana-de-açúcar quase dobrou em relação aos anos 1960, o teor de açúcar na cana aumentou em 50% e a produtividade agroindustrial saltou de 2,6 mil litros para mais de 7 mil litros de etanol por hectare, enquanto o custo de produção caiu de cerca de 3 reais para menos de 1 real por litro"[19].

Novas variedades de cana-de-açúcar desenvolvidas pelos especialistas do CTC possibilitaram a expansão dos canaviais brasileiros por novos 3 milhões de hectares. Tendo recebido, em toda a sua história, investimentos inferiores a 4 bilhões de reais, calcula-se que a sua contribuição para a economia brasileira seja de 1 trilhão de reais.

Mais importante centro de pesquisas em cana-de-açúcar do mundo, o CTC manteve o mesmo caráter inovador e a busca pela excelência em seus resultados que agora norteiam uma empresa moderna e independente, cujos acionistas respondem por cerca de 60% da cana-de-açúcar moída na região Centro-Sul do Brasil.

Seu primeiro diretor, **Manoel Sobral Júnior**, vindo da Unicamp, montou uma grande equipe para fazer face aos desafios tecnológicos. Entre eles se destacam: **Carlos Vaz Rossell, Jaime Finguerut, Isaías Macedo, Manoel Regis Lima Verde Leal** e **William Burnquist**; pela tecnologia industrial aplicada às usinas, **Pierre Chenu, Deon J. L. Hullet, Sidney Brunelli** e, posteriormente, **Mario Myaiese** e **Suleiman José Hassuani**.

Um aspecto importante, e nem sempre lembrado atualmente, é que o CTC promoveu uma importante mudança de referência tecnológica do setor industrial: os processos e equipamentos disponíveis eram de influência cubana ou europeia (França, Inglaterra, Holanda) e as tecnologias de melhor desempenho à época eram a sul-africana e a australiana. O CTC trouxe a referência sul-africana ao Brasil, cujas soluções eram mais adequadas às características brasileiras. Essa mudança de referência se estendeu aos fabricantes

---

19 Ver <www.ctcanavieira.com.br/nossahistoria.html>.

de equipamentos, que, rapidamente, absorveram e passaram a desenvolver tecnologia própria nacional, e de melhor desempenho inclusive do que a sul-africana, para o processamento de cana. O processo etanol se desenvolveu com intensidade principalmente com recursos nacionais, a partir da base existente, e o processo açúcar brasileiro não evoluiu, pois não existiram investimentos em açúcar por não haver pressão de demanda por aumento de capacidade. A tecnologia de açúcar permaneceu defasada e inferior ao estado da arte internacional até meados da década de 1990, quando ocorreu a necessidade de aumento de capacidade, conforme veremos mais adiante.

Década de 1970: Plano Nacional de Melhoramento da Cana-de-Açúcar (Planalsucar) e primeiro choque do petróleo

1971: criação do Planalsucar

Em 1971, foi criado o **Plano Nacional de Melhoramento da Cana-de-açúcar (Planalsucar)**[20], órgão ligado ao IAA e voltado ao desenvolvimento de novas variedades, cujo objetivo era contribuir com o aumento da produtividade da atividade canavieira no país. As atividades do Planalsucar também incluíam a previsão de safras. Segundo **Luiz Carlos Corrêa Carvalho**, o "Caio", ex-superintendente do Planalsucar e hoje diretor da Associação Brasileira do Agronegócio (ABAG), o Planalsucar desempenhou um papel muito importante no Proálcool, dado que muitos estudos para o avanço da cana já tinham sido realizados pelo órgão[21]. Segundo **Octávio Antonio Valsechi**, pesquisador da UFSCar, "o Planalsucar foi antecedente do Proálcool com o objetivo de desenvolver em três anos regiões para plantio de cana e adaptar variedades para estas novas regiões. O berço do Proálcool é onde hoje está o CCA/UFSCar. Foi ali que tudo começou!".

---

20 Conforme <www.canaonline.com.br/conteudo/ridesa-comemora25-anos-de-historia-em2015.html#.VehT0HlRGUk>.
21 Conforme <http://economia.estadao.com.br/noticias/geral,planalsucar-estimulou-etanol-no-pais-imp-,642599>.

1973: primeiro choque do petróleo

No primeiro choque do petróleo, em 1973, cuja causa principal foi o embargo dos países membros da recém-criada **Organização dos Países Exportadores de Petróleo (OPEP)**, os preços do petróleo passaram de 1,9 dólar/barril em 1972 a 11,2 dólares/barril em 1974. Dado que o Brasil importava quase 80% do petróleo que consumia – o que representava cerca de 50% do valor total de suas importações –, o impacto desse aumento foi muito significativo para a economia brasileira. Algo precisava ser feito, e rapidamente, para aliviar a dependência do petróleo importado.

Por outro lado, o setor açucareiro vivia momentos difíceis, com preços declinantes do açúcar no mercado internacional, o que também fez despertar o interesse dos empresários pela produção do álcool combustível.

Mais detalhes sobre a história da indústria canavieira de 1930 a 1975 podem ser encontrados em *O planejamento da agroindústria canavieira do Brasil, 1930-1975*, de **Tamás Szmrecsányi** (1979, Figura 9). **Pedro Ramos**, da Unicamp, também apresenta informações valiosas sobre a história da indústria da cana no Brasil, com trabalhos sobre o desenvolvimento da agroindústria canavieira no Brasil (Ramos et al., 1995; Ramos, 1999 e Ramos, 2010).

Figura 9: Capa do livro de Tamás Szmrecsányi sobre a história da indústria da cana.

2. Da criação ao fim do Proálcool

14 de novembro de 1975: o governo brasileiro cria o Proálcool

O recém-empossado presidente Ernesto Geisel, ex-presidente da Petrobras, tomou uma série de medidas na área do álcool e, em 14 de novembro de 1975, por meio do Decreto n. 76.593, o governo brasileiro criou o Programa Nacional do Álcool (Proálcool) (Menezes, 1980).

Muitos foram aqueles que, com entusiasmo, defendiam o uso automotivo do álcool de cana-de-açúcar. Entre os mais conhecidos estavam José Walter Bautista Vidal[1] (Figura 10), Lamartine Navarro Júnior, Luiz Gonzaga Bertelli, Tobias J. Barretto de Menezes, Cícero Junqueira Franco, Expedito José de Sá Parente, Ozires Silva (ex-presidente da Embraer, presidente da Petrobras de 1986 a 1988 e ministro da Infraestrutura de 1990 a 1991), Severo Fagundes Gomes (ministro da Indústria e Comércio de 1974 a 1977), João Camilo Penna (ministro da Indústria e Comércio de 1979 a 1984) e Antonio Dias Leite Júnior (ministro de Minas e Energia de 1969 a 1974).

Figura 10: José Walter Bautista Vidal.

Fonte: cortesia de Alyne Bautista.

---

1   Bautista Vidal, um dos pioneiros no Proálcool, tinha como característica uma defesa do Proálcool mais aguerrida. Em seu livro *Brasil, civilização suicida* mostra mais claramente suas ideias.

Figura 11: Ministro Shigeaki Ueki abastece um carro a álcool.

Figura 12: Fernando dos Reis, Lair Antonio de Souza, Maurílio Biagi e Lamartine Navarro Júnior com o Presidente Geisel em 1974.

Lamartine Navarro Júnior propôs a criação do Proálcool ao apresentar o estudo *Fotossíntese como fonte energética* (1974). Os engenheiros Cicero Junqueira Franco e Mircea Manolescu participaram do estudo, que foi encaminhado ao presidente do Conselho Nacional do Petróleo (CNP), Araken de Oliveira, sugerindo que incentivos fossem criados para a produção de etanol diretamente da cana-de-açúcar. Este estudo é considerado o marco inicial de proposição do Proálcool[2]. A oportunidade de ampliar o uso de etanol combustível para substituir a gasolina automotiva foi identificada por Navarro Júnior como forma de liberar correntes de refino de petróleo para a produção de nafta petroquímica. Recentemente[3], a Associação Brasileira da Indústria Química (Abiquim) comunicou ao mercado que "nos últimos anos, a Petrobras tomou uma decisão unilateral de desviar a nafta petroquímica para cobrir o seu déficit de produção de gasolina, importando a matéria-prima (nafta) para atender o setor industrial", o que indica estar ainda viva a relação entre o etanol, a gasolina e a nafta petroquímica utilizada como matéria-prima pelo setor petroquímico.

Naquele momento, havia preocupação em relação ao preço do "novo produto" (álcool) e sua relação com o preço do açúcar. Segundo Goldemberg (2011), o preço do etanol foi estabelecido em paridade com o preço

---

2 Conforme <www.jornalcana.com.br/lamartine-navarro-jr-foi-um-dos-mentores-do-proalcool/>.
3 Comunicação ao mercado publicada em jornais de grande circulação (*O Estado de S. Paulo, Folha de S. Paulo, Valor Econômico*) pela Abiquim, em 29 out. 2015.

do açúcar, devendo ser 35% superior ao preço de 1 quilo de açúcar. Essa relação de preços iria influenciar o *mix*[4] para o açúcar e álcool produzidos nas usinas. O cálculo da relação de paridade entre o etanol e a gasolina foi formulado pelo engenheiro Cicero Junqueira Franco[5].

Assim, o Brasil conquistou a liderança mundial na produção e no uso de etanol de cana-de-açúcar graças a uma combinação bem-sucedida de ações de longo prazo do governo e da iniciativa privada, particularmente no que se refere à pesquisa agronômica. Quando o Proálcool foi implementado, o Brasil já era um relevante produtor de cana-de-açúcar, moendo 68,3 milhões de toneladas de cana (tc)/ano e produzindo 5,9 milhões de toneladas de açúcar, embora a produção de etanol combustível fosse ainda modesta, de 555,6 milhões de litros, dos quais 232,6 milhões de litros de etanol anidro e 323,0 milhões de litros de etanol hidratado (Nastari, 1983).

Na primeira fase do Proálcool (1975-1979), o álcool produzido em destilarias anexas às usinas de açúcar era do tipo "anidro", ou seja, desidratado, o que permitia a mistura com a gasolina. A produção de álcool cresceu de 600 milhões de litros por ano em 1975-1976 para 3,4 bilhões de litros por ano em 1979-1980.

Maior incentivo às pesquisas agronômicas de cana-de-açúcar

Até 1975, a cultura da cana-de-açúcar no Brasil dependia de poucas variedades, predominando na região Centro-Sul a variedade NA567916[6] selecionada no norte da Argentina. Com o Planalsucar, foram formados pesquisadores para cada estação experimental e foi criado um banco de germoplasma em Alagoas. Novos grupos de pesquisa em solos, herbicidas, controle biológico de pragas da cana e doenças foram constituídos.

Na era pré-Proálcool, os principais centros de pesquisa a trabalhar com a cana-de-açúcar eram do Instituto Agronômico de Campinas (IAC), sendo seu programa de melhoramento (iniciado em 1933) e os projetos com foco em fitotecnia (áreas de nutrição e adubação, espaçamento etc.) desenvolvidos nas estações experimentais de Piracicaba e Ribeirão Preto (SP), hoje Centro Cana IAC, e o programa

---

[4] Designação que se usa para a proporção da cana utilizada na produção de açúcar ou de álcool.
[5] Informação prestada por Plinio Nastari, 2015.
[6] Variedade NA (Norte-Argentina) produzida em Chacra Experimental em Salta, Argentina.

de seleção desenvolvido na estação experimental de Campos (RJ), pertencente ao IAA. Posteriormente, já na década de 1970, o Planalsucar, criado no início dos anos 1970, incorporou a pesquisa realizada em Campos à sua rede de estações experimentais em todo o Brasil, criando um robusto programa de melhoramento de cana-de-açúcar (Figura 13).

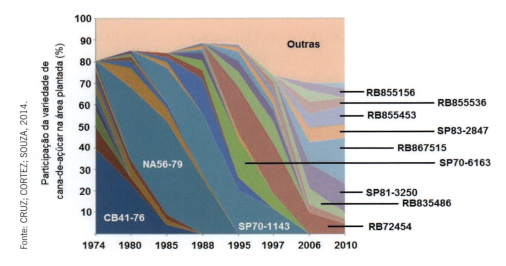

Figura 13: Uso crescente de variedades comerciais de cana-de-açúcar de 1974 a 2010 no Brasil.

Década de 1970

Ação estratégica no Instituto de Pesquisas Tecnológicas (IPT) do estado de São Paulo para colaboração no desenvolvimento do Proálcool

Para alinhar as competências em pesquisa tecnológica do IPT, até então organizadas por modalidades de engenharia, com o esforço nacional focado em segurança energética, o superintendente do IPT, Alberto Pereira de Castro, criou o Programa de Energia como uma ação estratégica transversal objetivando coordenar e incentivar projetos nas divisões técnicas do IPT. O referido programa, que arregimentava pesquisadores nas divisões, recebia pelo lado externo apoio da Comissão Nacional de Energia (CNE), cujo secretário executivo, Eduardo Celestino Rodrigues, coordenava as ações nacionais voltadas à segurança energética. Assim, inúmeros projetos foram desenvolvidos pelas divisões técnicas, com suporte financeiro de diversos órgãos estaduais e federais, sob a coordenação do Programa de Energia. São exemplos:

- Projeto e construção de miniusina de etanol (1978/1979, Divisão de Engenharia Química, com suporte Secretaria de Indústria, Comércio, Ciência e Tecnologia do Governo do Estado de São Paulo, SICCT/SP).

- Reestabelecimento da competência do IPT na área de motores (1977, Divisão de Engenharia Mecânica, com a contratação de Nedo Eston de Eston e apoio da SICCT/SP e Companhia Energética de São Paulo, CESP).

- Conservação de energia na indústria (1978, Divisão de Engenharia Mecânica/Agrupamento de Engenharia Térmica, com suporte da Comissão Nacional de Energia, CNE; Ministério de Minas e Energia, MME e Financiadora de Estudos e Projetos, FINEP).

- Corrosão do etanol (1978, Divisão de Metalurgia, com pesquisadores Stephan Wolinec e Deniol Tanaka e suporte da SICCT/SP).

- Potencial de biomassas no estado (1978/1979, Divisão de Engenharia de Sistemas, com pesquisador Hélio Mattar e suporte da CESP).

Com a criação do Laboratório de Motores, instalação de bancadas dinamométricas e de equipamentos para a análise de combustíveis, cresceu a participação do IPT junto aos setores privado e governamental voltada à utilização de combustíveis alternativos. Para mencionar alguns projetos ligados ao uso veicular de álcoois nesse período inicial:

- Centro de Apoio Tecnológico CAT/IPT, 1977 a 1980: projeto suportado pela Secretaria de Tecnologia Industrial (STI) do Ministério da Indústria e Comércio (MIC) a fim de disseminar tecnologia de motores a álcool para retíficas de motores, que convertiam motores de gasolina para Álcool Etílico Hidratado Carburante (AEHC), o que possibilitou que frotas de empresas estatais demonstrassem a viabilidade do uso do etanol para a população (Castro et al., 1982).

- Início de parceria com a CESP, 1978 a 1980: voltada à pesquisa do uso de metanol em motores diesel, principalmente de locomotivas, via nebulização desse álcool no coletor de admissão ou sua injeção na câmara misturado a aditivo promovedor de ignição. Essas mesmas tecnologias foram aplicadas no início da década de 1980 na utilização de etanol em motores diesel de porte veicular (Nigro, 1984).

Estudos desenvolvidos no final da década de 1970 e início da década de 1980, conjuntamente pelo IPT, Instituto Nacional de Tecnologia (INT) e a indústria automobilística sobre a compatibilidade de materiais com etanol, permitiram o desenvolvimento tecnológico nacional nesse campo e viabilizaram o uso de gasolina com altas concentrações de etanol, bem como dos carros a álcool e *flex*.

1977: primeira publicação sobre balanço energético do álcool

Durante os anos 1970, incentivados pela crise energética, as instituições públicas e as entidades privadas realizaram muitas pesquisas em todas as áreas de energia. No II International Symposium on Alcohol Fuel Technology (ISAF), em Wolfsburg, na Alemanha, profissionais do Centro de Tecnologia Promon apresentaram o trabalho *Energetics, Economics and Prospects of Fuel Alcohols in Brazil*, no qual compararam o balanço de energia e os custos de etanol de cana e de mandioca (Vieira de Carvalho et al., 1977). José Goldemberg (Figura 14) publicou um trabalho na revista *Science* (Silva et al., 1978) que é considerado um marco bibliográfico sobre o Proálcool ("Energy Balance for Ethyl Alcohol Production from Crops") mostrando que o álcool, na verdade, é "energia solar líquida" (Figura 15).

Figura 14: José Goldemberg.

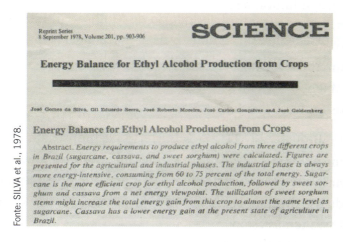

Figura 15: Artigo científico pioneiro tratando o balanço energético do etanol de cana-de-açúcar.

Segundo Sergio C. Trindade, também do Centro de Tecnologia Promon, que na época incluía Arnaldo Vieira de Carvalho, Manoel Régis Lima Verde Leal, Victor Yang, Carlos Costa Ribeiro, Walter Vergara, entre outros, foram feitos trabalhos pioneiros relevantes para o Proálcool e suas ramificações, como: 1) análise da tecnologia do INT de álcool de mandioca; 2) estudo multicliente sobre alternativas tecnológicas de processamento de vinhoto (vinhaça), conduzido por Costa Ribeiro; 3) novo processo de produção de etanol de mandioca no primeiro contrato de risco com a FINEP no Brasil; e 4) novo processo adiabático de produção de eteno de etanol, em parceria com Haldor Topsøe da Dinamarca (que é usado hoje pela Braskem e que foi anteriormente usado pela Petrobras na salgema em Alagoas).

Desenvolvimento de motores (álcool e *flex-fuel*)

Urbano Ernesto Stumpf (Figura 16), do ITA/CTA, desenvolveu na década de 1970 importantes estudos sobre o motor a álcool com dois objetivos essenciais: 1) tentativa de evitar os *royalties* pagos na fabricação dos motores importados e projetados no exterior; e 2) viabilizar o uso em grande escala de um combustível derivado da biomassa. Stumpf é considerado o pioneiro no desenvolvimento do motor a álcool brasileiro. Já Francisco Nigro, do IPT, e Henry Joseph Júnior, da Anfavea e Volkswagen, dentre outros, representam uma geração de engenheiros brasileiros que contribuíram para que o sonho de Stumpf se concretizasse. Posteriormente, junto com uma nova geração de engenheiros, como Fernando Damasceno, da Magneti Marelli, e Besaliel Botelho, da Bosch, contribuíram para que os motores *flex-fuel* se tornassem um enorme sucesso.

Figura 16: Urbano Ernesto Stumpf.

Fonte: AEITA, 2016.

Embora o país tenha logrado importantes sucessos na viabilização do uso do etanol combustível, seja em mistura com a gasolina ou como combustível propriamente dito, existem ainda muitos desafios a vencer na área de motores, que deve passar por mudanças com o Inovar Auto, incluindo o aumento na eficiência do uso do etanol em relação à gasolina nos veículos *flex* com a entrada no mercado dos veículos híbridos. Esses temas estão bem tratados no livro publicado pelo BNDES *Bioetanol de cana-de-açúcar*, publicado em português, inglês, espanhol e francês (Figura 17).

1978: criação da estação de hibridização de Camamu, Bahia, do Centro de Tecnologia Copersucar

Já na iniciativa privada o **Centro de Tecnologia Copersucar (CTC)** cria, em 1969, a estação experimental de hibridização de Camamu, Bahia (Figura 18)[7].

Final da década de 1970: fermentação contínua e hidrólise

A fermentação contínua chega ao Brasil

A Usina Vale do Rosário implantou um sistema de fermentação contínua com tecnologia adquirida da empresa austríaca Vogelbusch. O interesse se deveu à possibilidade de economizar dornas, reduzir a mão de obra devido à mais fácil otimização e ao menor consumo de antiespumantes, tudo contribuindo para a redução de custos. Segundo o vice-presidente da Vale do Rosário, Cícero Junqueira Franco, inicialmente o processo era feito com um sistema semicontínuo, sendo a primeira dorna por batelada e mais outras duas interligadas. Os resultados foram muito bons, e outras duas linhas foram montadas em meados dos anos 1980, com uma produção total de 1,2 milhão de litros de álcool por dia.

No entanto, devido aos maiores problemas de contaminação bacteriana e ao "choque" causado no levedo durante a alimentação do mosto, a fermentação contínua nunca chegou a ter rendimentos iguais aos alcançados por batelada, tendo sido desativada no final da década de 1990. Ainda assim, a iniciativa da Vale do Rosário não foi isolada. A fermentação contínua chegou a atingir 30% das destilarias brasileiras entre 1989 e 1995. Segundo Amorim (2005),

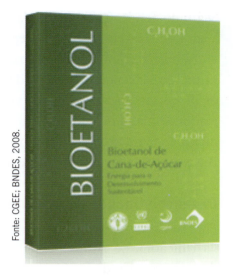

Figura 17: BNDES publica *Bioetanol de Cana-de-Açúcar*.

Figura 18: Estação experimental de Camamu, Bahia.

---

7   Conforme <www.jornaldepiracicaba.com.br>.

"há uma tendência generalizada do uso da fermentação por batelada no Brasil, principalmente pelo maior uso de melaço como matéria-prima, que faz aumentar a viscosidade e prejudica a concentração do levedo nas centrífugas". Ainda segundo Amorim, da Fermentec, o processo contínuo ainda precisa melhorar muito. Hoje, no Brasil, a fermentação contínua responde por cerca de 10% do total. Nos EUA, também prevalece a fermentação por batelada.

Início das pesquisas com hidrólise

A história das pesquisas em hidrólise no Brasil nos remete, inicialmente, aos trabalhos de José Carlos Campana Gerez (Figura 19), da Companhia de Desenvolvimento Tecnológico (Codetec)[8] da Unicamp, no final da década de 1970, quando o pesquisador desenvolveu estudos em hidrólise ácida. Esses trabalhos chegaram a ter uma planta-piloto montada no *campus* da Unicamp, mas o projeto foi descontinuado em função da falta de recursos a partir do início da década do 1980.

Figura 19: José Carlos Campana Gerez.

Ainda no final da década de 1970, por iniciativa do governo federal, para aproveitar saldos comerciais com a União Soviética foi criada a empresa **Coalbra,** cujo objetivo era usar uma tecnologia de hidrólise ácida trazida da antiga União Soviética para converter celulose em etanol e, como subproduto, ração animal (proteína de levedura). Esse projeto foi coordenado por Sérgio Motta e José Goldemberg e teve a colaboração de Gil Eduardo Serra e José Roberto Moreira. No projeto, foi montada uma planta de demonstração de 30 mil litros/dia no Triângulo Mineiro. A planta da Coalbra apresentou problemas técnicos, uma vez que a lignina de eucalipto não era facilmente desumidificada pelo filtro prensa, enquanto dificultava a fermentação do hidrolisado, que só ocorria com a fração celulose, como já era previsto pela tecnologia importada[9]. Assim, o elevado investimento (materiais especiais e caros), o elevado custo de produção e a baixa valoração da lignina como combustível inviabilizaram, do ponto de vista econômico, a iniciativa.

---

8   Ver <http://ocs.ige.Unicamp.br/ojs/rbi/article/view/344>.
9   Conforme comunicação pessoal de José Moreira.

Anteriormente, no final da década de 1970, por iniciativa da CESP, e com a orientação de Eduardo Sabino de Oliveira, foi construído um gaseificador elétrico piloto de madeira para a produção de gás de síntese a ser convertido em metanol. O processo funcionou nas instalações da CESP em Corumbataí (SP) até 1987, sob o gerenciamento de José Roberto Moreira, com a construção de vários gaseificadores, alguns de grande porte (20 toneladas de madeira/hora), mas foi descontinuado devido ao desinteresse da empresa de atuar fora do seu nicho de mercado.

1979: muitos acontecimentos

O Proóleo e as patentes do biodiesel no Brasil

Em 1978, na Unicamp desenvolvem-se estudos sobre a transesterificação de óleos vegetais. Foram desenvolvidos catalisadores orgânicos com elevada basicidade (guanidinas), tendo em vista que em outros países catalisadores inorgânicos eram os preferidos.

Ainda no final da década de 1970, **Expedito Parente**, na Universidade Federal do Ceará, trabalhou com métodos de obtenção de biodiesel e sua utilização em motores. Submeteu a primeira patente ao INPI em 1980, que foi concedida em 1983.

Em 1979, o vice-presidente da República e presidente da Comissão Nacional de Energia, **Aureliano Chaves**, começou a articular o Proóleo (em analogia ao Proálcool) para a substituição do óleo diesel por óleos vegetais. Nesse sentido, ressalte-se a ação da Comissão Nacional de Energia (CNE), quando, em 21 de outubro de 1981, por meio das resoluções CNE n. 06 e 07, recomendou a criação do **Programa Nacional de Energia de Óleos Vegetais** para fins carburantes.

Em 1980, a Volkswagen do Brasil cedeu um carro Passat, com motor diesel, para que o grupo de **Ulf Schuchardt**, da Unicamp, realizasse testes[10] com diferentes misturas de diesel/biodiesel/etanol. Estes duraram alguns anos e permitiram algumas conclusões: a) o diesel não forma misturas estáveis com o etanol; b) o diesel pode ser misturado em qualquer proporção com o biodiesel; c) o biodiesel pode ser misturado com o etanol em baixa proporção; d) a mistura energeticamente mais eficiente é 80% diesel/20% biodiesel; e) a mistura mais eficiente pode conter até 5% de etanol.

---

10   O biodiesel utilizado nesses testes foi fornecido pela empresa Miracema, de Campinas (SP).

Em 1981, com o estabelecimento do Programa Nacional de Energia de Óleos Vegetais pela Comissão Nacional de Energia, a STI do MIC passou a coordenar o programa OVEG I, voltado para a formação de base tecnológica sobre o uso de óleos vegetais e seus derivados em motores, compreendendo tanto a realização de testes dinamométricos como de campo. Após uma série de ensaios dinamométricos com óleos vegetais *in natura* ou degomados em motores de injeção direta, realizados no IPT, decidiu-se por transesterificar os óleos vegetais, uma vez que os depósitos formados e a contaminação do óleo lubrificante inviabilizavam sua utilização direta. Após ensaios dinamométricos iniciais, o IPT passou a acompanhar testes de campo de veículos de vários fabricantes operando com éster etílico e metílico de soja (Brasil, 1985). Os testes de campo ocorreram em 1983, envolvendo mais de 1 milhão de quilômetros percorridos, e sua avaliação compreendeu também milhares de horas em dinamômetro (Relatório Executivo da Comissão Técnica fornecido por **Francisco Nigro**).

Em 1982 foi depositada a primeira patente mundial de um reator contínuo para a transesterificação de óleos vegetais pelo grupo de Ulf Schuchardt. Com a mudança do governo em 1985, as atividades para a implantação do Proóleo cessaram. Mesmo assim, foi dada sequência aos trabalhos de desenvolvimento de catalisadores heterogêneos de guanidina e sua utilização nas transformações de óleos vegetais. Em 1998, foi publicado um artigo de revisão sobre transesterificação de óleos vegetais no **Journal of the Brazilian Chemical Society**, que, até hoje, é o artigo mais citado dessa revista.

Segundo choque do petróleo em decorrência da Guerra do Golfo Pérsico

Em 1979, ocorre o segundo choque do petróleo em decorrência da Guerra do Golfo Pérsico entre Irã e Iraque. Os preços do petróleo voltam a aumentar significativamente, passando de 12,9 dólares/barril em 1978 para 30,5 dólares/barril em 1980, levando a uma nova deterioração das contas brasileiras, já bastante prejudicadas devido ao primeiro choque e ao crescente endividamento externo mantido pelo governo brasileiro. O segundo choque do petróleo viabilizou outras opções energéticas, como a exploração do petróleo da bacia de Campos e provocou um novo impulso do álcool combustível, visando alcançar a pretendida autossuficiência em petróleo.

Início da segunda fase do Proálcool

Na **segunda fase do Proálcool (1979-1985)**, o álcool passou a ser produzido também em destilarias autônomas, dedicadas exclusivamente à produção de álcool, sem produção de açúcar. Nesta fase, dá-se início à produção de álcool hidratado, o que permitiria seu uso generalizado em carros a álcool[11], enquanto nos anos anteriores somente operavam algumas frotas de demonstração com carros convertidos (Figura 20)[12]. A produção de álcool cresceu substancialmente no período, chegando a 11,8 bilhões de litros na safra de 1985-1986.

Figuras 20a, 20b e 20c: Em 1979, montadoras de veículos entraram num acordo com o governo brasileiro para a produção de veículos a álcool no Brasil (Gordinho, 2010).

Como a segunda fase do Proálcool foi de aumento de produção mais expressivo, investimentos maiores, tanto para a expansão da área plantada de cana como para a construção de novas destilarias, outros temas indiretamente associados ao programa, entraram em pauta. O governo federal, por meio da **Comissão Executiva Nacional do Álcool (CENAL)** produziu uma série de documentos tratando das questões mais relevantes, como "**O Proálcool e as culturas alimentares**" e outros de orientação.

Oportunidades foram criadas para o setor privado. Ressalte-se aqui a importância do modelo de avaliação de projetos usado pela CENAL e ao desenvolvimento de um parque de fornecedores nacionais, entre eles a **Dedini** e a **Zanini**, e de uma cadeia de indústrias metalúrgicas na região de Piracicaba, Sertãozinho, São Paulo e também em Pernambuco. Nomes como **Dovílio Ometto** e de antecessores como **Mário Dedini** fizeram parte dessa fase tão importante de consolidação da indústria sucroenergética no Brasil.

A maior parte dos recursos financeiros investidos tanto para a expansão da área de cana como para a implantação das usinas veio de empréstimos do governo federal, embora tenha havido o emprego

---

11   Houve, principalmente no período 1975-1979, uma certa resistência de algumas montadoras em aceitar a ideia do uso do álcool em seus motores devido à possibilidade de corrosão e também das mudanças necessárias devido às características diferentes do novo combustível (BNDES, 2008).

12   De acordo com Duquette (1989), em 1979 houve um acordo tripartite entre governo, montadoras e empresários do setor sucroalcooleiro que possibilitou a fabricação de carros a álcool no Brasil.

de recursos vindos de órgãos externos, como o Banco Mundial, que concedeu dois empréstimos ao Proálcool para investimento, pesquisa e desenvolvimento, envolvendo FINEP e STI (World Bank, 1980).

Segundo Goldemberg (2008), com o início da venda do álcool hidratado nos postos de combustíveis, foi estabelecida, inicialmente, uma política de preços na qual o preço do álcool pago aos produtos deveria ser de 59% do preço de venda da gasolina.

A importância do papel inicial do CNPq e da FINEP

Considerando as características de cada agência de fomento, o Conselho Nacional de Pesquisa (CNPq), promovendo a pesquisa no Brasil, e o Fundo Nacional de Estudos e Projetos (FINEP), mais dedicado ao financiamento de projetos com a participação da indústria, foram muito ativos no financiamento à pesquisa em bioenergia desde o início do Proálcool. O CNPq teve um papel fundamental no início do Proálcool com a publicação do livro *Avaliação tecnológica do álcool etílico*, em 1978, coordenado por Adolpho W. F. Anciães e que serviu para estabelecer o estado da arte no campo da produção de etanol. O CNPq atuou também de forma decisiva, oferecendo bolsas de pós-graduação dentro e fora do país em uma época em que os programas nacionais ainda não se encontravam totalmente desenvolvidos. Também relevante foi o papel da Coordenadoria de Aperfeiçoamento de Pessoal de Ensino Superior (CAPES), cujo oferecimento de bolsas colaborou para a sustentação do treinamento de pessoal na área.

A importância do papel inicial da Secretaria de Tecnologia Industrial (STI) do Ministério da Indústria e do Comércio (MIC)

O governo Figueiredo, em 1979, convidou **José Israel Vargas** (Figura 21) para a Secretaria da Tecnologia Industrial (STI) do MIC, sucedendo Bautista Vidal. O vice-presidente Aureliano Chaves e o então secretário Israel Vargas passaram a ser os executores da segunda fase do Proálcool, dando-lhe uma dimensão de grande escala dentro do chamado **Modelo Energético Nacional**. Posteriormente, esse desenvolvimento teve continuidade e foi intensificado com **Lourival Carmo Monaco** ocupando a Secretaria de Tecnologia Industrial do MIC. Outros grandes projetos da

Figura 21: José Israel Vargas.

área de energia da Comissão Nacional de Energia eram a exploração do petróleo da bacia de Campos, a construção das hidrelétricas (Itaipu e outras) e a construção das usinas nucleares (Angra). Os governos Geisel e Figueiredo ficariam marcados pela ênfase na questão energética.

Associação Brasileira de Reforma Agrária (ABRA) realiza a reunião Proálcool: fórum dos não consultados

A **Associação Brasileira de Reforma Agrária (ABRA)**, então presidida por **Carlos Lorena**, realizou em 1979 uma reunião em sua sede em Campinas para debater o Proálcool "à luz dos interesses dos trabalhadores". Nessa reunião fizeram exposições José Goldemberg, José Francisco da Silva, Jacó Bittar, Maria da Conceição Tavares, Rogério Cezar de Cerqueira Leite, Luís Carlos Guedes Pinto, José A. Lutzemberger e Irma Passoni1[13]. Eventos como esse, questionando o impacto social da expansão da produção de etanol e a repercussão das críticas de alguns estudiosos como **Fernando Homem de Mello** e **Eduardo Gianetti da Fonseca** da FEA/USP sobre a viabilidade econômica do etanol, induziram estudos mais aprofundados e medidas públicas que reforçaram a sustentabilidade da bioenergia da cana.

Criação da empresa Fermentec

O ano de 1979 também testemunhou a criação da empresa Fermentec por Henrique Vianna de Amorim (Figura 22), então professor da ESALQ/USP. Especializada em fornecer tecnologia de fermentação ao setor sucroalcooleiro, a Fermentec foi uma das responsáveis pelo aumento de rendimento da fermentação nas usinas do setor.

Figura 22: Henrique Vianna de Amorim.

1975-1983: a evolução da tecnologia industrial da produção de álcool

No início do Proálcool, como o parque industrial compunha-se de usinas de açúcar, a solução inicial adotada foi o uso do melaço – resíduo da produção de açúcar – para a produção do etanol, o que atendeu às primeiras demandas do produto.

---

[13] Mais sobre o debate da ABRA em: <http://docvirt.com/docreader.net/DocReader.aspx?bib=hemerolt&pagfis=8289&pesq=&esrc=s >.

Com o crescimento do consumo, as usinas foram solicitadas a produzir mais etanol do que se poderia obter do melaço, adicionando-se então a este o caldo, que progressivamente foi aumentando no teor da mistura.

A elevação do consumo de etanol gerou, no fim da década de 1970 e início da de 1980, uma nova solução industrial: a usina dedicada de etanol, na época denominada "destilaria autônoma", concebida, projetada e implantada exclusivamente para a produção de etanol, utilizando o bagaço como fonte de energia gerada exclusivamente para uso nos processos internos.

Esse salto tecnológico se deu como resultado de esforços na sua quase totalidade nacionais, evidentemente considerando-se o estado da arte internacional como referência, a partir do qual se desenvolveram: uma nova concepção de planta industrial, dos seus processos e engenharia básica; novos fluxos, balanços de massa e de energia; detalhamento e novos equipamentos, que no seu todo constituíram a "usina de etanol". Essa foi a primeira inovação de ruptura promovida pelos vários agentes atuantes no setor sucroenergético do Brasil.

Essa solução foi evoluindo rapidamente nos primeiros anos da década de 1980, quando então foi realizado um seminário para apresentar uma visão geral da tecnologia industrial disponível em avançado estágio de desenvolvimento no Brasil.

A **Comissão Executiva Nacional do Álcool (CENAL)** e a **Secretaria de Tecnologia Industrial (STI)**, ambas do MIC, realizaram em agosto de 1984, em Campinas (SP), o **I Seminário de Tecnologia Industrial de Produção de Álcool**, para o qual foram convidadas a indústria de equipamentos e as demais empresas fornecedoras da planta industrial e especialistas das universidades, com a missão de apresentar o estágio tecnológico dos seus fornecimentos e os próximos lançamentos a serem disponibilizados ao mercado. À CENAL/STI coube traçar um panorama geral do estado da arte e as tecnologias emergentes de maior impacto a serem utilizadas na usina de etanol.

O estágio avançado do desenvolvimento tecnológico da época pode ser verificado pela relação dos trabalhos apresentados no simpósio, listados no Quadro 1 com seus autores e as respectivas empresas.

Quadro 1: Trabalhos apresentados no I Seminário de Tecnologia Industrial de Produção de Álcool (Campinas, 1984)

1. A extensão da safra canavieira: a análise e recomendações de políticas	Prof. Bruce B. Johnson Carlos Alberto Fenerich Roland Fischmann Instituto de Administração/FEA/USP
2. Cana energética: avaliação do potencial de biomassa para a produção de álcool	Hasime Tokeshi Escola Superior de Agricultura "Luiz de Queiroz" – ESALQ/USP
3. Aumento da produção de álcool em função do pagamento de cana pelo teor de sacarose	Antonio Celso Sturion IAA/Planalsucar
4. Sistema integrado de produção de álcool	Dagoberto Núñez Marín Antonio Pedro Lourenço Antonio Carlos de Castro Carlos Reynals Mourgues Zanini S/A Equipamentos Pesados
5. Reduger "Sinopse"	José Henrique de Paula Eduardo Augusto Ivan Basualto Diaz Conger S/A – Equipamentos e Processos
6. Novas tecnologias de produção de álcool com redução do volume de vinhaça	Relatório do Grupo de Trabalho/CENAL-STI Lourival Carmo Monaco José Carlos Teixeira da Silva Aluisio de Carvalho Guidi Reginaldo Barroso de Rezende Hermas Amaral Germek Arnaldo Antonio Rodella
7. Padronização da metodologia de análise no processo de produção de álcool	Carlos Ebeling Proquip S/A Projetos e Engenharia Industrial
8. Controle integrado de destilaria de álcool	Sistema de supervisão e controle ML-CD8490 José de Almeida Telles Filho Microlab S.A
9. Controle automático digital no processo de produção de álcool	Dyonísio Garcia Pinatti – Destilaria Água Limpa Carlos Roberto Libone – Smar Eqpts. Ind. Ltda José A. Teles Filho – Microlab S/A Euclides Robert Filho – Controle e Automação Digital Ltda. (CAD) Affonso Silva Telles – Scientia Engenharia de Sistemas Ltda.
10. Tecnologias atuais da Dedini na Produção de álcool	José Luiz Olivério M. Dedini S/A Participações
11. Perspectivas futuras da tecnologia de produção de álcool e seus possíveis impactos	Reynaldo Dias de Moraes e Silva – STI e ATEAI – Engenharia Agroindustrial Ltda.

O texto a seguir, do então **ministro João Camilo Penna** (1983), pode ser entendido como uma avaliação geral do desenvolvimento da tecnologia industrial nesses primeiros anos de Proálcool.

> Com base exclusivamente em esforços e técnicas nacionais, foi desenvolvido, em apenas oito anos, de 1975 a 1983, um vasto elenco de conhecimento e experiências em todas as fases de produção de matérias-primas, processos de fabricação e do uso do álcool, com completo domínio tecnológico de todas essas etapas, em áreas como o desenvolvimento de novas variedades de cana-de-açúcar; o aproveitamento de subprodutos; projetos de máquinas e equipamentos agrícolas e industriais; e engenharia de motores; o aperfeiçoamento de materiais construtivos; o controle de emissões e consumo de combustíveis; as aplicações na alcoolquímica; e desenvolvimentos em setores de tecnologia de ponta, como a engenharia genética e o controle de processos por computadores, cujas contribuições certamente transcenderão os campos diretamente ligados ao Proálcool.
>
> Face a esses esforços, o Brasil dispõe hoje de um parque industrial altamente capacitado e competitivo, a níveis internacionais, no setor de equipamentos para a produção de álcool.

Os temas discutidos e as tecnologias apresentadas são bastante avançadas; várias destas ainda permanecem competitivas e são utilizadas até hoje, trinta anos após o seminário de 1984. O processo Dedini Hidrólise Rápida (DHR) de produção de etanol a partir do bagaço foi também citado no seminário na sua configuração inicial, intitulando-se na época **Projeto Acid Catalysed Organosolv Saccharification (ACOS)** e sendo apresentado como um processo em desenvolvimento pela Dedini (Silva, 1984). O texto apresenta uma integração do DHR com a usina tradicional, ou seja, o etanol de segunda geração integrado ao de primeira geração. Nesse caso, a usina é projetada para máxima sobra de bagaço, a matéria-prima do etanol 2G. O texto destaca que o projeto se encontrava em fase de laboratório e que uma planta-piloto estava sendo engenheirada.

Alguns temas tratados nesse primeiro seminário ainda são objeto de discussão, estudo, investigação e/ou desenvolvimento. Entre eles: análise e impactos da extensão da safra canavieira com a recomendação das políticas indutoras; a cana energética e seu potencial de biomassa para a produção de etanol; o aumento da produção de álcool em função do pagamento da cana pelo teor de sacarose; a concepção sistêmica dos processos de produção de álcool visando atingir diferentes objetivos: máxima produção de álcool, máxima produção de energia, mínimo investimento, máxima produtividade industrial etc.; diferentes tecnologias de concentração de vinhaça e seus equipamentos: uso de evaporadores, fermentação de maior teor alcoólico, uso de mosto concentrado, integração fermentação-destilação; processos alternativos de fermentação: batelada, contínua, de dorna única, com recirculação de vinhaça, limitada pela pressão osmótica, limitada pelo teor alcoólico, fermentação com leveduras floculantes, fermentação sem reciclo de leveduras (sem Melle-Boinot), fermentação-destilação integradas, fermentação extrativa a vácuo; uso de membranas (osmose inversa) na separação do etanol durante o processo de fermentação; sistema de automação da usina integrando sub sistemas dos diferentes setores no conceito SDCD envolvendo o controle de processos; famílias de caldeiras com fornalhas altas revestidas de "paredes d'água" de tubos membranados com utilização de pré e superaquecedores e economizadores de ar conjugados e diferentes sistemas de combustão com automação a nível da operação automática, com capacidades, pressões, temperaturas e eficiência energética elevadas; evaporadores de película tipo *falling film*.

Alguns temas foram retomados somente a partir de 2002/2003 e outros ainda mais recentemente. O motivo é que o setor sucroenergético teve expansão acelerada até metade dos anos 1980, quando se atingiu um volume de produção de etanol de cerca de 12 bilhões de litros por ano, que permaneceu estagnada até a safra 2002/2003. Sem a presença de um mercado demandante de etanol, a tecnologia também se estabilizou, sendo promovidas somente inovações incrementais. A retomada do crescimento a partir de 2003 criou o mercado que possibilitou à indústria de bens de capital investir no desenvolvimento de novos processos e novos equipamentos.

1979-1987: avançam as pesquisas do IPT sobre o etanol

Projetos importantes desenvolvidos no IPT incluem:

• **Química:** Microusina de etanol; desidratação de álcool etílico para produção de etileno; reforma com vapor de metanol para produção de hidrogênio; produção de catalisadores em escala piloto; produção de álcool etílico por fermentação alcoólica contínua. Ressaltem-se aqui os trabalhos[14] de **Walter Borzani**, engenheiro químico da Escola Politécnica da USP, os quais tiveram fundamental papel na introdução e na conceituação da disciplina de biotecnologia industrial. Borzani teve importante atuação no desenvolvimento da pesquisa na área de fermentação, sendo o primeiro a defender e aplicar o conceito de fermentação contínua para a fermentação alcoólica.

• **Engenharia mecânica**: Em 1979 foi construído no IPT o novo prédio do Laboratório de Motores. Os principais projetos desenvolvidos pelo grupo do Laboratório de Motores, o qual chegou a contar com treze engenheiros sob a liderança dos professores da Escola Politécnica **Nedo Eston de Eston** e **Francisco Nigro**, assim como os respectivos clientes, foram:

---

14   Segundo Amorim (2005), Borzani publicou mais de uma centena de trabalhos sobre as novas tecnologias da indústria açucareira.

- 1980, CELPA: Etanol nebulizado no ar de admissão de motor diesel para grupo gerador.
- 1981/1983, CESP: Metanol emulsificado em diesel; metanol com "ponto quente".
- 1980, EMPLASA, EMTU: Acompanhamento da operação de linha de ônibus a álcool aditivado (Mercedes-Benz; Viação Urubupungá).
- 1982/1985, CESP: Uso de metanol por dupla injeção em motores de locomotivas, solução complexa, mas mais eficiente que as demais para motores de grande cilindrada unitária (90% metanol, 10% diesel); desenvolvimento do sistema, adaptações na máquina e testes de desempenho e emissões em locomotiva GE U6C; manual de modificação das máquinas.
- 1984/1985, PROMOCET: Emissões (regulamentadas e aldeídos) de motor diesel operando com álcool aditivado e de motor Otto a etanol.
- 1986, CESP: Uso de misturas etanol, metanol e gasolina em motores Otto a etanol; ensaios em dinamômetro e campo. Os resultados anteciparam e serviram de base para o estabelecimento da metanol-etanol-gasolina (MEG), que permitiu abastecer a frota a álcool por ocasião do desabastecimento de etanol em 1989.

Durante uma década, iniciada no ano de 1987, as pesquisas e desenvolvimentos sobre o uso de etanol em motores foram praticamente interrompidos, em face da nova realidade de produção limitada de etanol e do desinteresse governamental em incentivar o uso do biocombustível. O grupo de motores do IPT foi reduzido à terça parte, com redirecionamento das pesquisas para o uso de gás natural e dispersão de boa parte das competências que haviam sido estabelecidas.

Década de 1980

1980: Amorim, da ESALQ/USP, desenvolve com a empresa Zanini o Sistema Zanifloc

Zanifloc é um processo com leveduras floculantes objetivando a substituição de centrífugas. Henrique Vianna de Amorim, então na ESALQ/USP, havia desenvolvido no fim dos anos 1970 uma levedura floculante para a empresa Hoechst, detentora da patente (Amorim, 2005).

1982: Lamartine Navarro Júnior cria a Coleção Sopral

A **Sociedade de Produtores de Açúcar e de Álcool (Sopral)** criou em 1982 a Coleção Sopral com o objetivo de publicar informações relevantes sobre a produção e uso de álcool combustível de cana-de-açúcar no Brasil. Essa coleção contou com os seguintes livros:

- *Avaliação do carro a álcool*, 1982.
- *Avaliação econômica e social do Proálcool*, 1982.
- *Avaliação de caminhões e tratores a álcool*, 1983.
- *Avaliação do bagaço de cana-de-açúcar*, 1983.
- *O Proálcool vale?*, 1984.
- *Proálcool: despesas e receitas a nível de governo*, 1985.
- *V Encontro Nacional dos Produtores de Álcool – V Econálcool*, 1985.
- *Aspectos econômicos, jurídicos e sociais da reforma agrária*, 1985.
- *Avaliação do proálcool e suas perspectivas*, 1986.
- *Avaliação do vinhoto como substituto do óleo diesel e outros usos*, 1986.
- *VI Encontro Nacional dos Produtores de Álcool – VI Econálcool*, 1986.
- *O Proálcool em fase de queda dos preços do petróleo*, 1986.
- *Reflexos da queda dos preços do petróleo na economia nacional e internacional*, 1986.
- *O álcool no contexto dos combustíveis líquidos*, 1987.

1983: a alcoolquímica ganha destaque

Romeu Botto Dantas, renomado técnico da Universidade Federal de Pernambuco (UFPE), ajudou a promover a alcoolquímica (Dantas, 1988). Destaque-se, também, o pioneirismo empresarial de

Kurt Politzer, que, por meio da empresa **Indústrias Químicas Taubaté (IQT)**, desenvolveu inúmeros processos da alcoolquímica no âmbito industrial.

1985: o Simpósio Internacional Copersucar – Açúcar e Álcool se realiza em comemoração do décimo aniversário do Proálcool

Em julho de 1985, a Copersucar realizou em São Paulo o primeiro encontro mundial a discutir, simultaneamente, assuntos ligados ao açúcar e ao álcool. O evento teve grande repercussão, promovendo uma importante discussão sobre a dualidade açúcar-etanol, derivados da mesma cana-de-açúcar. Além disso, tornou-se um painel que propiciou aquele que, provavelmente, foi o primeiro debate sobre a internacionalização do etanol como substituto dos derivados de petróleo, notadamente a gasolina. O simpósio teve 549 participantes de 32 países e recebeu grande destaque na imprensa nacional e internacional.

O encontro teve palestrantes convidados das entidades mais representativas do governo, além de associações e especialistas do Brasil, Austrália, África do Sul, Cuba, Estados Unidos, Comunidade Econômica Europeia, México, países do Caribe, Japão, Inglaterra, entre outros. Os temas abordados foram políticas, mercado, avaliação energética, internacionalização, aspectos econômicos, aspectos sociais, aspectos ambientais, logística, uso automotivo, alcoolquímica, debate *food* × *fuel* e tecnologia.

Quanto à tecnologia, a palestra, destacando o papel da indústria de bens de capital no Proálcool (Giannetti, 1985), apresentou máquinas, equipamentos e processos representativos do estado da técnica de produção de etanol no Brasil, com três objetivos: redução do custo do investimento, aumento da produtividade e aumento do rendimento energético.

O trabalho destaca a evolução ocorrida em dez anos de Proálcool, decorrente do desenvolvimento tecnológico do setor, informando os desempenhos representativos das melhores práticas nas usinas.

Todas essas tecnologias são integradas na concepção de "unidades autônomas" exclusivas para a produção de álcool, na época denominadas "destilarias autônomas de álcool" e hoje mais corretamente denominadas "usinas de etanol", sendo apresentadas três soluções básicas: usinas de máxima produção de etanol, usinas de máxima produção de energia e usinas de mínimo investimento.

A Tabela 1 registra as melhores práticas informadas na palestra (1985), comparando-as com os equivalentes desempenhos do início do Proálcool (1975) e com as melhores práticas atuais (2012/2013).

Tabela 1: Resultados da evolução tecnológica industrial

Descrição	Início	1985	Atual	Observações
1. Aumento da capacidade de produção				
Moenda: 6x78" – t cana/dia	5.500	10.000	15.000	Seis ternos + facas + desfibrador
Tempo de fermentação: horas	24		6 a 8	Fermentação tradicional – batelada/contínua
Teor alcoólico no vinho: °GL	6		12 a 16 (*)	*uso Ecoferm – Dedini/Fermentec
2. Aumento das eficiências				
Extração do caldo: %	93,0	96	97 (98)	Facas + desfibrador + Seis ternos (ou difusor)
Rendimento fermentativo: %	80,0	91	91,5	Relação estequiométrica
Recuperação destilação: %	98,0	99,0	99,7	
3. Otimização do consumo energético				
Consumo de vapor açúcar/etanol	600		320	kg vapor/t cana moída
Consumo vapor etanol anidro	5		2	kg vapor/litro etanol anidro
Pressão das caldeiras – bar	21	42	100 a 120	
Temperatura vapor – Celsius	300	400	540	
Eficiência energética caldeira: %	66	86	89	
Biometano da vinhaça	Nulo	0,1	0,1	Nm^3 biometano/litro etanol
4. Parâmetros globais				
Sobra bagaço para energia: %	Nulo	até 70	Até 78	100% produção etanol
Venda de energia para rede	Compra		Sim	Cana padrão: 12,5% fibra
Vinhaça produzida	15	< 1	< 1	Litro vinhaça/litro etanol
Biofertilizante sólido: kg/t cana	Nulo		50 a 60 (*)	(*) BIOFOM
Produção biodiesel integrada	Não		Sim (*)	(*) Usina Barralcool – Dedini/2006
Uso energético da palha da cana	Não		Inicial	Em início de utilização
Energia elétrica para venda	Nula		Até 90	kW/t cana
Consumo água: litros/l etanol	187	43	Nulo/exportação	Captação águas mananciais
Produção etanol: litros/t cana	66		87	

Fonte: Olivério, 2006 apud CNI, 2012.

Conforme se verifica na Tabela 1, ocorreram expressivas evoluções nos desempenhos das usinas no estado da arte em decorrência da tecnologia desenvolvida ao longo dos anos, o que foi possível com o acentuado crescimento do processamento da cana (de 68 milhões para 223 milhões de toneladas de cana por safra) e da produção de etanol (de 550 milhões para 12 bilhões de litros de etanol por safra).

Destaque-se a apresentação de inúmeras inovações que, em grande parte, estão em uso hoje ou ainda são desafios tecnológicos do setor, como: os desfibradores verticais; a queda Donelly; a fermentação contínua; a fermentação-destilação Biostil, que possibilita a concentração da vinhaça; a produção de biogás/biometano a partir da biodigestão anaeróbia da vinhaça; a visão sistêmica aplicada à concepção, engenharia básica e detalhamento da planta completa, em que se considera a usina como um único produto, cujo conjunto possibilita a obtenção de resultados pré-definidos como "máxima produção de álcool" e "máxima produção de energia"; a industrialização do bagaço (transformando-o em produto); a industrialização da cana integral, com palhas e pontas, sem queima; e a produção de etanol celulósico a partir do bagaço e da palha.

1985: pesquisas pioneiras sobre a secagem do bagaço de cana no Brasil

O bagaço de cana é o combustível usado pelas usinas do Brasil e de todo o mundo. Da forma como é obtido, seja pela moagem ou por meio da tecnologia de difusão, se encontra úmido (cerca de 50% de umidade, base úmida[15]). E é dessa forma, úmido, que é colocado nas caldeiras para ser queimado. No entanto, sabe-se tecnicamente que se essa umidade for reduzida pode-se aumentar a temperatura da combustão e, consequentemente, sua eficiência. Foi com base nessa premissa que **Sílvia Azucena Nebra** desenvolveu, na Faculdade de Engenharia Mecânica da Unicamp, um secador pneumático para secagem de bagaço (Nebra, 1985).

Meados da década de 1980: fim do Proálcool

Com o fim do regime militar e o começo da **Nova República**, o Proálcool deixou formalmente de existir como programa governamental de incentivo à produção de álcool combustível.

---

15   Mais informações sobre a caracterização de bagaço podem ser encontradas em Cortez et al. (2008).

No entanto, vale salientar que as políticas de apoio à produção de cana-de-açúcar e de uso de álcool combustível foram continuadas, haja vista o aumento na produção de veículos a álcool pela indústria automobilística.

Alguns dos principais impactos técnicos que representaram impasses iniciais ao desenvolvimento do Proálcool

Escala de produção

No início do Proálcool, o governo propôs que a destilaria padrão produziria 120 mil litros de álcool/dia. Esse porte, hoje considerado pequeno, foi contestado por vários pesquisadores. **Romeu Corsini**, da EESC/USP, propôs um modelo baseado em "minidestilarias" capazes de produzir 20 mil litros de etanol/dia e que poderia, em teoria, tornar-se uma versão "mais socializada" do programa de etanol (**Mini-usinas de álcool integradas – MUAI,** Corsini, 1992). Na época, surgiram várias empresas vendendo unidades de até 1 mil litros/dia, mas a pequena escala não conseguiu atingir os níveis de produtividade, qualidade e economicidade das usinas maiores, especialmente dada a enorme escala do mercado de combustíveis líquidos. Posteriormente, **Enrique Ortega**, da Faculdade de Engenharia de Alimentos da Unicamp, trabalhou no mesmo conceito de produção em pequena escala.

Nesse sentido, havia, e há até hoje, controvérsia sobre a escala de produção. O tamanho inicialmente escolhido (120 mil litros de álcool/dia) pode ser considerado hoje uma usina de menor porte. A ideia de Corsini era favorecer as miniusinas (20 mil litros/dia), mas havia quem defendesse as microusinas (1 mil a 5 mil litros de álcool/dia).

Contudo, ao longo desses quarenta anos após o início do Proálcool, pode-se dizer que os custos de produção decrescem significamente com o aumento da escala da usina. Isso pode se visualizado na Figura 24. Por outro lado, o porte das usinas ainda é limitado pelos custos crescentes decorrentes do transporte da cana às usinas. Nesse sentido, é importante notar a significativa importância do custo de transporte da cana no custo final do álcool, cerca de 15% a 20%, segundo Oscar Braunbeck, do Laboratório Nacional de Ciência e Tecnologia do Bioetanol (CTBE).

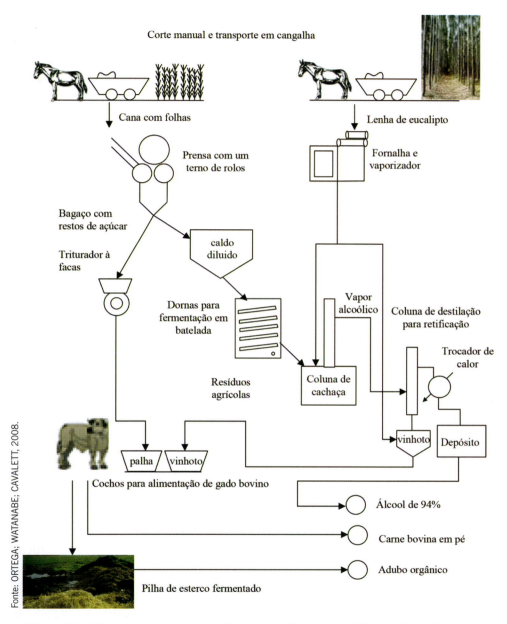

Figura 23: Fluxograma de uma miniusina de álcool, com difusor, fazendo parte de um Sistema Integrado de Produção de Alimentos e Energia (SIPEA).

Assim, hoje, as usinas de açúcar e álcool, instaladas no centro-sul do Brasil, variam de tamanho em uma faixa de 500 mil a até 8 milhões de litros de álcool por dia.

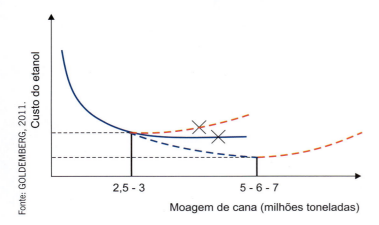

Figura 24: Custo de produção de etanol em função do tamanho da destilaria.

Note-se que, além da escala, há outros fatores que devem ser considerados na produtividade e rentabilidade da produção de etanol. A Figura 25 mostra que tanto a produtividade da cana-de-açúcar como os açúcares totais recuperáveis (ATR) variam consideravelmente nas usinas brasileiras (CTC, 2007).

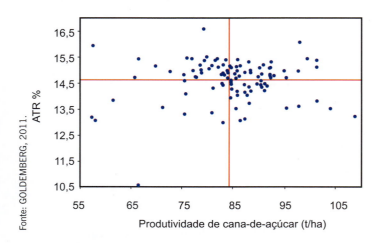

Figura 25: Resultados agronômicos (produtividade da cana e ATR) das usinas brasileiras.

Uso de outras matérias-primas

Considerou-se no início do Proálcool a possibilidade de utilizar outras matérias-primas na produção de etanol. Os documentos do Proálcool mencionavam, entre outras, a mandioca e o sorgo sacarino. Essa ideia, aliás, guarda semelhanças com o que ocorre hoje com o biodiesel, para cuja produção se pretende incentivar outras culturas, além da soja, descentralizar a produção e dar acesso ao pequeno produtor.

Vale menção a iniciativa da Embrapa, que chegou a implantar em Jundiaí (SP) um modelo de pequena escala, usando difusores em vez de moendas e operando com sorgo sacarino e cana-de-açúcar (Teixeira et al., 1999). Um dos méritos desse projeto foi a tentativa de prolongar a safra da cana usando uma outra matéria-prima, no caso o sorgo sacarino. Essa estratégia veio a ser utilizada mais recentemente, com a comercialização de sementes de sorgo junto a produtores de cana-de-açúcar[16].

Outro projeto de destaque foi o liderado pela **Petrobras**, com tecnologia desenvolvida pelo **Instituto Nacional de Tecnologia**, na cidade de **Curvelo (MG)**, que implantou uma destilaria de álcool de 60 mil litros/dia a partir da mandioca[17]. O fracasso da iniciativa deveu-se especialmente à dificuldade de suprimento de matéria-prima (Castro e Swartzman, 2008). Outra tentativa em maior escala foi desenvolvida em 1985 em Sinop (MT), que também fracassou pelos mesmos motivos[18].

Em 1978, o grupo de **Ulf Schuchardt**, da Unicamp, iniciou seus estudos de **hidrogenólise de biomassas**. Foram obtidos bio-óleos de elevada qualidade a partir de bagaço de cana. Devido a esse sucesso, a FINEP financiou a construção de um reator contínuo de hidrogenólise de biomassas, que foi principalmente utilizado para a liquefação da lignina da planta de demonstração da **Coalbra**. Esse reator foi operado durante cerca de cinco anos e forneceu bio-óleos estáveis com mais de 60% de rendimento.

Uso da vinhaça como fertilizante (fertirrigação)

Também nos primeiros anos do Proálcool, a vinhaça, resíduo líquido da destilação do etanol, produzida na proporção de 10 a 14 litros de vinhaça por litro de etanol, era apontada como um grande problema ambiental.

---

16 Conforme <www.ceres.net/ceressementes/Produtos/Produtos-Sorgo-Sacarino.html>.
17 Conforme <www.Unicamp.br/Unicamp/ju/544/mandioca-gera-etanol-e-eletricidade>.
18 Conforme <http://economia.estadao.com.br/noticias/negocios,o-potencial-da-mandioca-para-fabricacao-de-etanol,20061020p1396>.

O que fazer com tanta vinhaça, era a pergunta da época. Até então, era frequente o seu despejo em cursos d'água, fazendo-os sofrer com a alta carga orgânica desse resíduo.

No final dos anos 1970, o Centro de Tecnologia Promon desenvolveu um estudo multicliente e realizou seminários com avaliações das múltiplas tecnologias disponíveis para o processamento da vinhaça. Nesse período, Otávio Camargo, do Instituto Agronômico (IAC), realizou, com recursos do Banco Nacional de Desenvolvimento Econômico e Social (BNDES) para o Proálcool, extensos estudos para medir o impacto de longo prazo do uso da vinhaça sobre o solo (Camargo, Valadares e Girardi, 1983). **Nadir Almeida da Glória** (Figura 26), da ESALQ/USP, foi um dos pesquisadores que mais estudaram a aplicação de vinhaça no solo, a qual acabou por se tornar uma prática rotineira nas usinas (UDOP, 2015).

Figura 26: Nadir Almeida da Glória.

Posteriormente, o CTC desenvolveu ainda mais a fertirrigação (Figura 27), e hoje essa prática ajuda o setor a economizar quantidades significativas de potássio, elemento do qual a vinhaça é bastante rica (Copersucar, 1990). Muito do desenvolvimento da fertirrigação da vinhaça e uso da torta de filtro e seus impactos agronômicos deve-se à equipe do IAC, coordenada por **Raffaella Rosseto**. Destacam-se os trabalhos da Cetesb e da Unica, que, em parceria, elaboraram uma norma técnica definindo dosagens para a vinhaça dependendo do tipo de solo, e as pesquisas de **Márcia Jostino Rossini Mutton,** da Unesp/Jaboticabal. Uma série de decretos e resoluções governamentais nesses quarenta anos após a criação do Proálcool viriam a regulamentar a aplicação de vinhaça e outros efluentes no solo. Mais detalhes podem ser encontrados em Mutton et al. (2010) e Souza et al. (2015).

Figura 27: Fertirrigação com vinhaça.

A questão dos subsídios

O Proálcool teve um período inicial (1975 até início dos anos 1980) marcado por investimentos subsidiados. Esses subsídios à formação do canavial e à implantação das usinas eram fornecidos, por meio de empréstimos, a juros muito baixos ou até negativos, dependendo da região onde o projeto iria ser implantado, visando permitir o seu desenvolvimento inicial. Na época houve críticas a esses subsídios, como as apresentadas por Amaral Gurgel, respeitado empresário nacional do setor automotivo.

No entanto, com a mudança de regime, de militar para civil-democrático, houve uma fase de liberalização que não permitia mais haver setores subsidiados na economia bastante debilitada pelas sucessivas crises. As variações consideráveis de preços do petróleo e do açúcar, além de crises econômicas e políticas na década de 1980, levaram à liberalização do setor. A partir desse período já não existia o Proálcool, entendido como um programa de incentivos do governo federal.

Concentração da produção

Inicialmente, era previsto também que o Proálcool ajudasse na redução das desigualdades regionais do país. Para tanto, eram dados incentivos à produção no Nordeste em relação ao Sudeste. Em 1975, a produção de cana-de-açúcar do Nordeste representava quase metade do total produzido no país (cerca de 100 milhões de toneladas).

No entanto, contrariamente ao que se desejava e provavelmente motivadas pela disponibilidade de terras aptas, mão de obra qualificada em todos os níveis e infraestrutura existente, as usinas foram instaladas em sua grande maioria nos estados da região Sudeste (Figura 28).

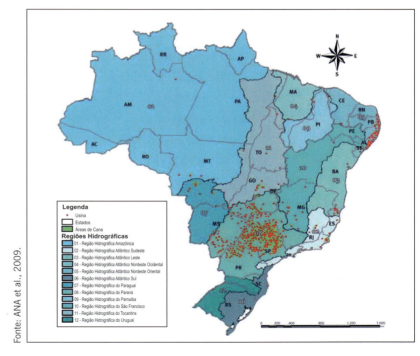

Figura 28: Localização das usinas no Brasil e no estado de São Paulo.

Estudos sobre termoconversão

Até hoje não há consenso no mundo quanto ao processo que possibilita o melhor aproveitamento das fibras da biomassa. A questão que se coloca é se a rota bioquímica (hidrólise) é ou não mais vantajosa do que a rota termoquímica (combustão, gaseificação ou pirólise).

Os trabalhos experimentais com a termoconversão de biomassa (torrefação, pirólise, gaseificação e combustão) foram cronologicamente iniciados no **Instituto de Pesquisas Tecnológicas (IPT)**, em São Paulo, na década de 1970, quando foi criado o laboratório de combustão. Recentemente, o IPT, sob a coordenação de **Fernando Landgraff**, chegou a elaborar um projeto de pirólise com posterior gaseificação, para viabilizar maiores escalas de produção.

Na Unicamp, três grupos se destacam na área de termoconversão: o primeiro é o de **Carlos Luengo** (Figura 29), do Instituto de Física Gleb Wataghin (IFGW), criador do **Laboratório de Combustíveis Alternativos**, que realiza pesquisas básicas dos processos de termoconversão de biomassa, sobretudo em pirólise e torrefação. O segundo, de **Saul D'Ávila**, na Faculdade de Engenharia Química (FEQ), pesquisou e formou quadros em gaseificação de biomassa, sobretudo nas décadas de 1970 e 1980. Um terceiro grupo se organiza na Faculdade de Engenharia Mecânica (FEM), com **Caio Sanchez** e **Waldir Bizzo** nas pesquisas de laboratório de combustão e gaseificação e **Márcio Souza-Santos** na área de modelagem da gaseificação.

Figura 29: Carlos Luengo.

Na Unifei, em Itajubá, **Electo Silva-Lora** desenvolveu pesquisas em gaseificação de biomassa, principalmente de cana-de-açúcar, e criou o Núcleo de Excelência em Geração Termelétrica e Distribuída (NEST).

Muitos dos gaseificadores utilizados por esses grupos de pesquisa foram produzidos pela empresa Termoquip, instalada em Campinas, com os engenheiros **Themístocles Rocha** e **Cláudio Moura**. Vários dos gaseificadores utilizados pelos diferentes grupos de pesquisa em termoconversão foram construídos pela Termoquip.

Outras pesquisas em gaseificação e cogeração foram desenvolvidas por **José Luz Silveira**, da Unesp Guaratinguetá.

Figura 30: Planta-piloto de pirólise rápida da Unicamp.

3. 1985-2003: estagnação, crise e crescimento

De 1985 ao fim da década

Criação da União dos Produtores de Bioenergia (UDOP)

A **União dos Produtores de Bioenergia (UDOP)**, fundada em 1985 pelos diretores das destilarias autônomas criadas com o Proálcool, tinha como objetivo propiciar a troca de informações entre seus diretores, além de capacitar profissionais para as unidades e proporcionar a troca de conhecimentos e informações por meio das reuniões dos comitês técnicos instituídos. Segundo **Antonio César Salibe**, a formação de capital humano era considerada chave para a boa operação das usinas, de modo que um programa de capacitação foi criado. Nos últimos trinta anos, a UDOP formou mais de 100 mil pessoas, ainda de acordo com Salibe[1].

1985-1986: uma vitória na guerra comercial do etanol

Em 1985, o Brasil foi acusado na International Trade Commission (ITC), em Washington, de exportar etanol aos EUA aproveitando-se de subsídios governamentais e praticando *dumping* de preço. Para coordenar a defesa contra as duas ações (**direitos compensatórios** e ***anti-dumping***), os produtores brasileiros organizaram o **Comitê Especial de Exportação dos Produtores Brasileiros de Álcool**, com a seguinte composição: Lamartine Navarro Júnior, André Francisco de Andrade Arantes,

---

[1] Para mais informações, ver <www.udop.com.br/>.

João Guilherme Sabino Ometto, Pedro Biagi Neto, José Carlos Maranhão, Cláudio de Veiga Brito, Fernando de la Riva Averhoff e Plínio Nastari (coordenador).

Nas duas ações, os produtores e as *trading companies* envolvidas tiveram que passar pelos testes de dano e de ameaça de dano. No teste de dano foi avaliado que o efeito residual dos subsídios ao Proálcool era de 2,63% sobre o valor da produção em 1984, considerado *de minimis*; também não foi aceita a alegação de ameaça de dano aos produtores norte-americanos.

Segundo comunicação de Sergio C. Trindade, a vitória do Brasil nessas ações teve ajuda insuspeitada de um estudo de Trindade (1984) demonstrando a ausência de *dumping*, adquirido pelos advogados americanos (Akin, Gump, Strauss, Hawer & Feld) contrários ao Brasil para buscar argumentos a seu favor. Quase três décadas depois, os esforços da União da Indústria de Cana-de-Açúcar (Unica) resultaram na abertura dos mercados de etanol do Brasil e dos EUA em 2011.

Criação da Sociedade Brasileira de Biotecnologia (SBBiotec)

Em 1988, deu-se a criação da **Sociedade Brasileira de Biotecnologia (SBBiotec)**[2] e da **Rede Brasileira de Biotecnologia (RBBiotec)**[3], com o objetivo de "promover o progresso da biotecnologia, por meio do desenvolvimento científico e tecnológico, integrados para possibilitar a capacitação industrial do setor produtivo e de serviços, visando ao desenvolvimento do País e ao bem maior da Sociedade Brasileira"[4].

Criação do Consórcio Internacional para a Biotecnologia da Cana-de-Açúcar

Manoel Sobral Júnior (Figura 31), então diretor do Centro de Tecnologia Canavieira (CTC) e responsável por iniciativas pioneiras na pesquisa aplicada às usinas, criou, em 1988, o **Consórcio Internacional para a Biotecnologia da Cana-de-Açúcar (International Consortium for Sugarcane Biotechnology – ICSB)** que levou ao mapeamento genético da cana, processo extremamente importante no desenvolvimento de novas variedades.

---

2   Para mais informações, ver <www.sbbiotec.org.br/v3/>.
3   Para mais informações, ver <www.rbbiotec.org.br>.
4   Conforme o estatuto da SBBiotec, disponível em: <www.sbbiotec.org.br/v3/sbbiotec/estatuto/>.

Segundo o diretor técnico da União da Indústria de Cana-de-Açúcar (Unica), **Antônio de Pádua Rodrigues**, "O setor deve muito ao trabalho competente e às iniciativas sempre produtivas do Manoel Sobral, uma pessoa que tem tudo a ver com o progresso e as realizações do CTC".

1989: maior crise do Proálcool[5], faltou álcool...

O fim da década de 1980 foi marcado por um descompasso entre a produção de veículos a álcool e a correspondente produção de álcool. No fim do regime militar, em 1985, a produção de veículos a álcool já era significativa e, devido à crise econômica que dominou os anos 1980 e o controle de preços que imperava para controle da inflação[6], poucos investimentos foram realizados na produção de álcool. O percentual de carros a álcool (E100)[7], em relação ao total produzido, alcançou 90% já em meados da década.

Figura 31: Manoel Sobral Júnior.

Se por um lado isso era positivo, pois fazia o país economizar divisas, por outro trazia o risco da falta de álcool no mercado.

Foi o que aconteceu em 1989, quando faltou álcool devido à ausência de planejamento combinado à alta dos preços do açúcar no mercado externo. Para suprir esse déficit, o governo decidiu importar **metanol** (Azevedo; Borges, 1990) para formular uma mistura ternária (33% de metanol + 60% de etanol + 7% de gasolina), chamada de MEG, que serviu para amenizar a escassez do etanol, permitindo o funcionamento

---

5   Embora o programa de subsídios tenha terminado em 1985, e esta data possa ser considerada de término do Proálcool, o termo "Proálcool" continuou a ser empregado designando o esforço do setor, da academia e do governo para o desenvolvimento de tecnologias e disseminação do uso do etanol combustível no Brasil.

6   Segundo técnicos do setor, o governo federal tabelava os preços dos combustíveis e não oferecia condições satisfatórias para a comercialização do etanol.

7   A denominação oficial dada pela Agência Nacional do Petróleo (ANP) é álcool etílico hidratado combustível (AEHC), e não E100, pois o combustível tem presente, aproximadamente, 7,5% de água em sua composição em massa. No entanto, a designação E100 significa que o combustível é composto por 100% de etanol.

normal dos automóveis produzidos para usar etanol hidratado. Segundo técnicos do setor, a mistura MEG permitia economia de etanol e possibilitava desempenho equivalente ao do etanol hidratado. A formulação final da mistura foi ajustada pela Cetesb de modo a não alterar a emissão de gases poluentes regulamentados, e a indústria automobilística aceitou a nova especificação do combustível sem alteração da garantia dos veículos.

Um estudo encomendado pelo governo federal a **José Roberto Moreira**, **Alfred Szwarc** e **Paulo Saldiva** demonstrou a viabilidade técnica e a segurança ambiental e à saúde do uso da mistura combustível. Ressalte-se o papel de **György Miklós Böhm**, da Escola de Medicina da USP, nesse estudo.

Apesar da toxidez do metanol e da consequente polêmica que precedeu o uso da mistura MEG, o uso desse combustível não resultou em maiores riscos para a saúde pública e para o meio ambiente e tampouco resultou em acidentes pessoais. Entretanto, a escassez do etanol, mesmo durante apenas alguns meses, levou a um descrédito do carro a álcool, fazendo suas vendas despencarem e trazendo de volta o interesse pelo carro à gasolina, o que levou as montadoras a desistirem de investir na evolução do carro a álcool.

Vê-se depois, já no início da década de 1990, uma queda na demanda por álcool hidratado e a elevação, proporcional, do consumo de álcool anidro adicionado à gasolina, em consequência das mudanças no mercado de combustíveis para veículos leves no país.

Final da década de 1980: a empresa Bosch inicia a pesquisa sobre o motor bicombustível no Brasil

> A crise de desabastecimento de álcool no Brasil, ocorrida no final da década de 1980, levou uma equipe de engenheiros do escritório brasileiro da empresa Robert Bosch a avaliar que o bicombustível seria uma solução para o país. A filial norte-americana da empresa já possuía uma patente de 1988 sobre uma técnica de detecção de combustível por meio do uso de sonda de oxigênio, que media a condutividade elétrica do ar e estabelecia uma correlação com a quantidade de oxigênio presente no reservatório (Teixeira, 2005).

As pesquisas mencionadas por Teixeira seriam a base para o desenvolvimento da tecnologia *flex-fuel* no Brasil.

A década de 1990

1990: a revista *Brasil Açucareiro* deixa de ser publicada

O Instituto do Açúcar e do Álcool (IAA), criado na década de 1930, forneceu uma grande contribuição à pesquisa da bioenergia no Brasil ao publicar a partir de 1935 a revista *Brasil Açucareiro*, descontinuada em 1990 com a extinção do IAA (Figura 32).

Também a **Sociedade dos Técnicos Açucareiros e Alcooleiros do Brasil (STAB)** tem publicado sua revista voltada para o público técnico e representando, atualmente, o único canal especializado existente no país com essas características. Um inventário das publicações, realizado por **Vian e Corrente** (2007), possibilita uma melhor compreensão dos meios de difusão das pesquisas realizadas no setor.

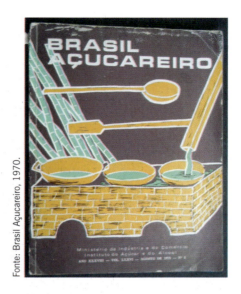

Figura 32: *Brasil Açucareiro* (edição de 1970).

1991: criação do Programa de Pós-Graduação Interunidades em Biotecnologia (PPIB)[8]

É criado, em abril de 1991, o **Programa de Pós-Graduação Interunidades em Biotecnologia (PPIB)**, da Universidade de São Paulo (USP), por três instituições: a própria USP; o Instituto Butantan, da Secretaria de Saúde do Estado de São Paulo (IB); e o Instituto de Pesquisas Tecnológicas do Estado de São Paulo (IPT).

Entende-se por biotecnologia "qualquer aplicação tecnológica que use sistemas biológicos, organismos vivos ou derivados destes, para fazer ou modificar produtos ou processos para usos específicos" (Convenção sobre Diversidade Biológica da ONU, 1992)[9].

---

8   Ver <http://sites.usp.br/biotecnologia/programa/apresentacao-2/>.
9   Ver <www.mma.gov.br/biodiversidade/convencao-da-diversidade-biologica>.

Segundo a apresentação do programa:

> Quanto aos seus objetivos, o PPIB foi concebido visando garantir a interdisciplinaridade indispensável à Biotecnologia, em toda a sua abrangência. Para proporcionar formação adequada, é necessária a consolidação de competências específicas de diversas áreas do conhecimento, como, Genética, Biologia Molecular, Biologia Celular, Microbiologia, Engenharia Bioquímica, Bioquímica, Tecnologia da Informação, Biossegurança, Bioética, entre outras. Além disso, a organização interinstitucional possibilita que institutos com vocação científico-tecnológica, como o Instituto Butantan e o Instituto de Pesquisas Tecnológicas, participem, junto com a Universidade de São Paulo, na formação de profissionais com um perfil adequado para a área aplicada.

1992: extinção do IAA e desregulamentação do setor sucroalcooleiro

O IAA foi extinto pelo presidente Fernando Collor de Mello por intermédio do Decreto n. 99.240. Com a extinção do IAA e do Planalsucar, criou-se a **Rede Interuniversitária para o Desenvolvimento do Setor Sucroenergético (Ridesa)**[10], integrada pelas universidades UFPR, UFV, UFSCar, UFG, UFRPE, UFAL e UFRRJ, que conta com 34 estações e é responsável pelas variedades RB de cana-de-açúcar.

Destacaram-se na montagem da nova organização os pesquisadores **Marcos Sanches**, **Octávio Antonio Valsechi** e **Hermann Hoffman**, da UFSCar.

Atualmente, as variedades RB ocupam cerca de 70% das áreas plantadas com cana no país. A UFSCar criou sua estação experimental no *campus* de Araras, para cursos em ciências agrárias, na fazenda do extinto Planalsucar, a fim de também desenvolver seu Programa de Melhoramento Genético de Cana-de-Açúcar (PMGCA)[11].

O ano de 1992 também assistiu à criação da DZ Engenharia, Equipamentos e Sistemas. As tradicionais empresas do setor sucroalcooleiro, Dedini e Zanini, decidiram somar forças e formaram a DZ Engenharia, Equipamentos e Sistemas, maior fábrica mundial de equipamentos para o mercado de açúcar e álcool.

---

10 Ver <www.ridesa.agro.ufg.br/>.

11 Ver <http://pmgca.dbv.cca.ufscar.br/>.

1994: Criado o Programa Cana IAC, da APTA

Já o IAC, vinculado à Agência Paulista de Tecnologia dos Agronegócios (APTA), da Secretaria de Agricultura e Abastecimento (SAA) de São Paulo, mantém hoje uma posição de destaque no setor e tem sido responsável pelo lançamento das variedades IAC, assim como de outras tecnologias na área agronômica, como a "matriz de ambientes", que dá apoio ao manejo varietal, e a técnica das mudas pré-brotadas (MPB), que trouxe um novo conceito de produção de mudas e gestão espacial de touceiras de cana.

O **Programa Cana IAC** foi criado em 1994, redesenhando o modelo de pesquisa do Instituto Agronômico em cultura da cana-de-açúcar, que datava do início do século XX. Para tanto, estabeleceu-se um centro virtual que coordenava uma ampla ação em *network* para desenvolvimento de variedades e outras tecnologias, a partir da unidade de Ribeirão Preto, depois transformada em Centro Cana IAC (em 2005), dirigida por **Marcos Guimarães de Andrade Landell**. Esse programa de pesquisa mantém convênio de integração técnico-científica com aproximadamente 180 instituições (universidades e institutos de pesquisas) e empresas parceiras, consideradas para efeito de gestão como "unidades de pesquisas".

Destacam-se algumas das contribuições do Centro Cana no recente livro *Cana-de-Açúcar* (Dinardo-Miranda, Vasconcelos e Landell, 2008), que indica importantes tecnologias desenvolvidas pela equipe do Programa Cana IAC na área de nutrição, de entomologia e nematologia, matologia, defesa fitossanitária etc. (Figura 33). O Polo Regional Centro-Sul da APTA, em Piracicaba (SP), é um dos centros de experimentação para desenvolvimento de novos cultivares e técnicas de manejo da cana-de-açúcar. O início do trabalho de melhoramento genético do Programa Cana do IAC é realizado em Uruçuca, próximo a Ilhéus, na Bahia. É lá que o IAC mantém uma das mais modernas estações de hibridação do mundo. Em 2015, foram efetivados 626 cruzamentos que, no futuro, vão gerar variedades para modernizar a canavicultura brasileira.

Figura 33: Livro *Cana-de-açúcar*, publicado em 2008 pelo Centro Cana.

Programas de melhoramento de cana no Brasil

Atualmente, existem **quatro programas de melhoramento genético de cana** convencional no Brasil: **IAC/APTA**, **CTC**, **RIDESA** e **Syngenta**. Um exemplo do sucesso alcançado com os programas de melhoramento é a evolução da produtividade agrícola experimentada pela cana no país (Figura 34). A empresa Canavialis, que havia sido adquirida pela Monsanto, encerrou suas atividades em outubro de 2015.

Figura 34: Evolução da produtividade agrícola da cana-de-açúcar entre 1975 e 2010 no Brasil.

Controle biológico das pragas da cana-de-açúcar

O Programa de Controle Biológico das pragas da cana-de-açúcar no Brasil é considerado um dos maiores do mundo, pois quase metade da área plantada no país tem sido tratada com agentes de controle biológico. Quem iniciou tal programa, criando a "cultura" do controle biológico, foi **Domingos Gallo**, do Departamento de Entomologia da ESALQ/USP, que já nas décadas de 1950-1960 começou a utilizar moscas nativas para controlar a broca-da-cana, *Diatraea saccharalis*. Posteriormente, na década de 1970, foi importada a *Cotesia flavipes* (na época era *Apanteles flavipes*) de Trinidad e Tobago e Paquistão para controlar tal broca.

Os trabalhos tiveram sequência com o desenvolvimento de métodos para a criação da broca em dieta artificial para liberação nos campos. Tais programas foram conduzidos pela Planalsucar e Copersucar, e os insetos eram produzidos especialmente em laboratórios das próprias usinas. Mais recentemente, surgiram empresas que comercializam tais agentes de controle biológico.

A partir da década de 1980, o grupo da ESALQ, liderado por **José Roberto Postali Parra** (Figura 35), passou a estudar um parasitoide de ovos da broca, *Trichogramma galloi*, para ser utilizado ao lado de *Cotesia flavipes*. Hoje são cerca de 3,5 milhões de hectares tratados com *C. flavipes* e cerca de 500 mil hectares tratados com *T. galloi* para controlar a broca-da-cana. Além disso, atualmente é bastante utilizado o fungo *Metarhizium anisopliae*, produzido e comercializado por empresas especializadas – mais de 2 milhões de hectares são tratados com esse agente de controle biológico. Para controlar a cigarrinha-da-cana, emprega-se *Mahanarva fimbriolata* no Sudeste e em outras áreas e *Mahanarva posticata* no Nordeste do país.

Figura 35: José Roberto Postali Parra.

O *Metarhizium* começou a ser estudado por **Pietro Guagliumi**, da Organização das Nações Unidas para Agricultura e Alimentação (FAO), no Nordeste do país na década de 1970 e, posteriormente, as linhagens do referido fungo foram melhoradas por **Sérgio Batista Alves**, da ESALQ/USP (Parra apud Cortez, 2010).

Destacaram-se também **Wilson R. T. Novaretti**, **Enrico B. Arrigoni**, do CTC, e **Leila Luci Dinardo-Miranda**, do IAC/APTA.

1995: a Embrapa realiza pesquisas sobre a fixação de nitrogênio

Robert M. Boddey, da Embrapa Agrobiologia, publicou *Biological Nitrogen-Fixation in Sugar-cane – a Key to Energetically Viable Biofuel Production*. De acordo com Boddey, estudos sobre o balanço de N-15 e N para algumas variedades de cana revelaram que altas produtividades são possíveis sem fertilização de nitrogênio porque as plantas seriam capazes de obter contribuições significativas de nitrogênio por fixação biológica do N2 (FBN). Essa publicação é um marco por associar o benefício da FBN à produção sustentável de bioenergia, embora seja apenas um exemplo da contribuição do grupo de pesquisadores da Embrapa Agrobiologia para o estudo de FBN em gramíneas e na cana-de-açúcar em particular.

Os estudos nessa área tiveram início bem antes, quando Johanna Döbereiner, que formou e liderou o grupo de FBN da Embrapa, isolou, em 1961, bactérias fixadoras de nitrogênio em cana. Desde então, pesquisadores como Alaídes P. Rushel, Eduardo Lima, Verônica Reis, José Ivo Baldani, Vera L. Baldani, Segundo Urquiaga, Bruno Alves, o próprio Robert M. Boddey, entre outros, vêm avançando as pesquisas em FBN, e muitos organismos já foram identificados. Um inoculante chegou a ser produzido para reduzir a dependência da cana de fertilizantes nitrogenados, mas ainda há desafios a vencer para que isso se torne uma realidade em condições de campo.

No Centro de Energia Nuclear na Agricultura da USP (CENA/USP) foram importantes também os trabalhos de Siu M. Tsai na área de fixação biológica de nitrogênio e função dos micro-organismos no ciclo do nitrogênio.

Avanços em manejo e adubação de cana-de-açúcar

Os enormes progressos observados na produtividade da cana-de-açúcar são fruto do trabalho de melhoramento (já mencionado neste livro), mas também dos desenvolvimentos em manejo da cultura, nutrição e adubação, controle de pragas e doenças, mecanização agrícola etc, que permitiram a expansão dessa cultura dos melhores solos onde era cultivada, principalmente em São Paulo, para solos com limitada fertilidade e condições climáticas mais desafiadoras. Os ganhos incrementais ao longo dos anos no manejo agrícola, obtidos com a ajuda de muitos, colaborou decisivamente para a melhoria dos indicadores dessa cultura. Como esses desenvolvimentos são regionais, há um grande grupo de pesquisadores que contribuíram decisivamente nas áreas de adubação e nutrição de cana: José L. I. Demattê, Nadir Almeida da Glória, Jairo Mazza, Waldomiro Bittencourt, Godofredo Vitti, Euripedes Malavolta e Edgard de Beauclair (ESALQ/USP), Paulo Trivelin (CENA/USP), o grupo do CTC, incluindo Claudimir Penatti e Pedro Donzelli, pesquisadores do antigo Planalsucar: José Orlando Filho, Rubismar Stolf, o grupo do IAC que publicou as recomendações de adubação para cana em 1996 (Ademar Espironello, Bernardo van Raij, Heitor Cantarella, Raffaella Rossetto, José Antonio Quaggio, e outros que ingressaram posteriormente no grupo da APTA, como André Vitti e Glauber Gava). Da UFU, Gaspar Korndorfer; da Unesp, Carlos Crusciol, Ailton Casagrande e Miguel Mutton. Muitos técnicos da iniciativa privada, em parceria com o setor acadêmico, ajudaram a avançar os estudos em manejo e adubação, como Jorge Morelli e Tadeu Coletti. Trabalhos pioneiros foram desenvolvidos no Nordeste por Elias Sultanu e Murilo Marinho. Uma nova geração de pesquisadores continua esse trabalho e será reconhecida em edições futuras.

Nas áreas de fisiologia e biotecnologia da cana-de-açúcar tiveram grande contribuição: Paulo R. Castro e Otto Crocomo, da ESALQ/USP. Entre os nomes importantes nos estudos de pragas estão: Newton Macedo (Planalsucar), Wilson R. T. Novaretti (CTC), Arthur Mendonça (Planalsucar-NE), Paulo Botelho (UFSCar) e José Roberto Postali Parra (ESALQ)[12]. As pesquisas com doenças de cana-de-açúcar tiveram contribuições de: Álvaro Sanguino (CTC), Pery Figueiredo (IB), Sizuo Matsuoka (UFSCar), Lee S. Tseng (UFSCar) e Hasime Tokeshi (ESALQ). Na área de mecanização agrícola alguns dos nomes a serem citados são: Caetano Rípoli, Luis G. Mialhe, José Paulo Molin (ESALQ), José Fernandes (Planalsucar), Vitorio L. Furlani (UFSCar) e Oscar Braunbeck (FEAGRI/Unicamp e posteriormente CTBE).

A contribuição da pesquisa desenvolvida pelas empresas

Também a indústria brasileira realizou pesquisas importantes em etanol de cana. Destacam-se: a integração da Dedini das produções de etanol e biodiesel, o desenvolvimento do processo "organosolv" de hidrólise de bagaço, conhecido como **Dedini Hidrólise Rápida (DHR)**, biodigestão de vinhaça da Codistil-Dedini, projeto **Biostil**, da Alfa-Laval, o **Bagatex**, para compactação de bagaço e, mais recentemente, o desenvolvimento de um processo para redução da quantidade de vinhaça pela **Fermentec**, com planta de demonstração, desenvolvida e construída pela Dedini e implantada na **Usina Bom Retiro**, conforme visto anteriormente.

Sobre o projeto **Dedini Hidrólise Rápida**, que utilizou recursos financeiros do Banco Mundial aportados por meio da Secretaria de Tecnologia Industrial (STI), do Ministério de Indústria e do Comércio (MIC), e cofinanciado pela Fapesp, pode-se dizer que foi pioneiro no desenvolvimento do processo de hidrólise de bagaço, introduzindo o conceito de integração da primeira geração com a segunda geração. Tratou-se de um desenvolvimento em laboratório em 1984 e piloto de processo de pré-tratamento organosolv (etanol/água) em reator contínuo à pressão de aproximadamente 20 bar e 200 ºC, em 1989. Na época do projeto não se dispunha de uma tecnologia de hidrólise enzimática madura, e o pré-tratamento organosolv foi integrado com a hidrólise ácida. A instalação foi desenvolvida sob projeto de engenharia e fabricação de equipamentos pela indústria brasileira. Isso representou um marco no desenvolvimento da hidrólise e tratou-se de desenvolvimento de tecnologia genuinamente brasileira.

---

12   Ver também a seção sobre controle biológico de pragas da cana-de-açúcar, neste capítulo.

A planta-piloto tinha capacidade de cem litros de etanol por dia e continha todos os processos unitários necessários para a produção do etanol a partir do bagaço de cana, tendo sido construída nos moldes de uma planta industrial, contínua e totalmente instrumentada com controle de processo (Figura 36). A planta operou até meados da década de 1990 como um projeto exclusivo da Dedini, quando então se decidiu pela busca de uma parceria para completar o desenvolvimento.

Figura 36: A planta-piloto DHR 100 L/dia e os rendimentos obtidos.

As pesquisas com produção de etanol celulósico voltaram a acontecer no final da década de 1990, quando a Dedini, em parceria com o CTC e com o financiamento da Fapesp, voltou a realizar estudos nessa área, coordenados por Carlos Vaz Rossell, que apresentou um inovador *paper* sobre a fermentação do hidrolisado (Rossell et al., 2005) no XXV Congresso da International Society of Sugar Cane Technologists (ISSCT), na Guatemala, trabalho que recebeu o prêmio Best Paper na seção de coprodutos. A **tecnologia organosolv** de pré-tratamento de bagaço (Figura 37) foi usada em uma nova planta-piloto de maior dimensão, instalada na **Usina São Luiz**, em Pirassununga (SP), que iniciou a operação em 2003 (Olivério; Hilst, 2005). A planta tinha capacidade de produzir 5 mil litros de etanol/dia e operou até 2008. Embora esse projeto tivesse sido concebido com mais certeza de sucesso, dado que aproveitaria a sinergia de um processo integrado à primeira geração, problemas técnicos, principalmente a abrasão em tubulações, válvulas e bombas impedindo a continuidade da operação da planta por longos períodos, bem como por outras questões, comprometeram o seu sucesso.

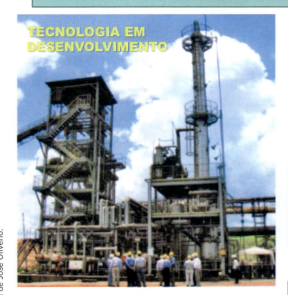

Figura 37: A Planta DHR de desenvolvimento de processo 5 mil L/dia.

A Fapesp organizou, em 3 de julho de 2008, um seminário sobre projetos em andamento que contaram com o seu aporte de recursos, no qual a evolução/desenvolvimento do DHR foi apresentada com mais detalhes.

Vale ressaltar ainda um importante esforço da Dedini para desenvolver soluções ambientalmente mais sustentáveis, no sentido de reduzir o uso de água no processo de produção do etanol, assim como na reciclagem dos resíduos sólidos e líquidos a serem utilizados como adubo. Vários desses projetos contaram com a participação de técnicos do **Centro de Tecnologia Canavieira (CTC)**.

Todas essas contribuições podem ser apreciadas no projeto denominado Usina Sustentável Dedini (USD), apresentado ao setor sucroenergético em 2009, no Ethanol Summit 2009 (Olivério, 2009a) e posteriormente apresentado e publicado no XXVII Congresso Internacional do ISSCT (Olivério et al., 2010b).

A USD é definida por José Luiz Olivério como uma "macromáquina", projetada para atender os critérios de maximização da sustentabilidade. Com esse objetivo, foram integradas tecnologias existentes, introduzidas inovações, desenvolvidos novos processos e procuradas sinergias para uma nova concepção de usina, voltada à sustentabilidade.

Ao final, a USD produz seis bioprodutos: bioaçúcar, bioetanol, bioeletricidade, biodiesel, biofertilizante e bioágua, em um projeto integrado objetivando minimizar a emissão e maximizar a mitigação de gases de efeito estufa (GEE). A USD pode ser implementada em partes, como é o caso da Usina Barralcool, em Barra dos Bugres (MT), que, desde 2006, produz os primeiros quatro "bios" da relação acima, com o fornecimento pela Dedini de uma planta de biodiesel integrada pioneiramente a uma usina canavieira.

Figura 38: José Luiz Olivério (Dedini).

Figura 39: Jaime Finguerut (CTC).

A USD foi concebida e projetada atendendo ao trinômio economia + sociedade + meio ambiente e atende a dois conceitos básicos:

Conceito "otimização":
- máximo bioaçúcar;
- máximo bioetanol;
- máxima bioeletricidade;
- biodiesel integrado;
- máximo efeito de mitigação de GEE.

Conceito "zero":
- zero resíduos;
- zero efluentes líquidos;
- zero odores;
- zero água de mananciais;
- mínimas emissões.

Na comparação da USD com uma usina tradicional, segundo Olivério (2014), destacam-se os seguintes pontos:

- Otimiza os processos de produção, possibilitando máxima produção de bioaçúcar e bioetanol por tonelada de cana. Dessa forma, maior quantidade de etanol estará disponível para substituir a gasolina, evitando ainda mais emissões de GEE.

- Otimiza o projeto energético da usina, produzindo o máximo de bioeletricidade, inclusive pelo uso da palha, evitando o uso de combustível fóssil e evitando ainda mais emissões de GEE.

- Inclui a produção de biodiesel integrado à usina, com integração agrícola pela lavoura de soja em rotação com a cana e integração industrial energética e de processos ao usar o etanol como segunda matéria prima, possibilitando produzir o biodiesel etílico 100% "verde" que é utilizado na própria frota da lavoura e para venda a terceiros, evitando o uso do diesel e também as emissões de GEE.

- Todos os resíduos do processo (vinhaça concentrada, torta de filtro, cinza e fuligem das caldeiras) são utilizados para produzir o biofertilizante organomineral (Biofom), que substitui cerca de 70% dos fertilizante químicos, evitando emissões de GEE (Figura 40).

- A usina fica autossuficiente em água, somente utilizando e reciclando a água contida na cana e sem demandar água de mananciais, gerando inclusive excedente a ser exportado (a bioágua). Ressalte-se que uma usina típica consome 23 litros de água de mananciais por litro de etanol produzido, enquanto a USD exporta 3,7 litros de água por litro de etanol (Olivério, 2011b).

- A USD incorpora os mais avançados conceitos de higiene e segurança do trabalho.

- O bioetanol produzido pela USD tem um efeito mitigador de GEE de 112% (e 132% utilizando 50% da palha como energético), enquanto o etanol produzido pela usina tradicional possui 89% de mitigação (Figura 41).

Ao final, a USD resulta da integração de várias tecnologias sob o foco da sustentabilidade, com inovações desenvolvidas pela própria Dedini e/ou parceiros, gerando dez pedidos de patentes.

Figura 40: O Biofom (biofertilizante organomineral).

Figura 41: Usina Sustentável Dedini (USD, a usina 6 Bios).

A USD recebeu dois prêmios nacionais e reconhecimento internacional ao ser convidada para ser apresentada na seção plenária do XXVII Congresso Internacional do ISSCT, em Vera Cruz, no México (Olivério, 2010b).

Assim, o etanol da USD é um verdadeiro "bioetanol *premium*", possibilitando maiores ganhos em "créditos de carbono".

A pirólise rápida chega à cana

No campo das pesquisas em carvoejamento e pirólise, vale mencionar os trabalhos realizados na UFMG por **Maria Emília Rezende**, que resultaram na criação da empresa **Biocarbo**, embora esta não tenha chegado a atuar em biomassa de cana-de-açúcar. Já na região de Campinas, como resultado dos esforços de **Saul D'Ávila** e **Themístocles Rocha**, surgiu a empresa **Termoquip**, que produzia gaseificadores de biomassa, inclusive para a Petrobras, permitindo a criação de vários gaseificadores usados para pesquisas na Unicamp e Unifei. Também vale ser citada a empresa **Bioware** utilizando tecnologia de pirólise de subprodutos da cana-de-açúcar para produção de bio-óleo, carvão e ácidos pirolíticos.

Década de 1990: o projeto Global Environment Facility (GEF) do CTC

Já o CTC conduziu o projeto GEF – Fase 1 na década de 1990, com o apoio do Banco Mundial, para realizar pesquisas em recolhimento de palha e gaseificação de palha e bagaço. Esse projeto visava alcançar a construção de uma planta-piloto de gaseificação avançada, mas problemas de financiamento, naquela época, comprometeram o sucesso da iniciativa. A Companhia Hidro Elétrica do São Francisco (CHESF) tentou realizar a segunda fase com um enfoque de gaseificação de madeira de eucalipto, tendo inclusive financiamento de 50 milhões de dólares do Banco Mundial, CTC e CHESF. Esses dois insucessos no assentamento de uma planta de demonstração de geração de energia elétrica a partir de gaseificação avançada de biomassa causaram desestímulo na época.

1996: criação do Cenbio

Em 1996, cria-se na USP, por iniciativa do Ministério da Ciência, Tecnologia e Inovação (MCT), da Secretaria de Energia do Estado de São Paulo e da ONG Biomass Users Network do Brasil, o **Centro Nacional de Referência em Biomassa (Cenbio)** (Figura 42).

Fonte: cortesia de Colombo Celso Gaeta Tassinari.

Figura 42: Cenbio.

O Cenbio tem por objetivo desenvolver atividades de pesquisa em forma de rede com universidades e empresas para a promoção do uso moderno de biomassa. Desde sua criação, por meio do Cenbio têm-se realizado importantes contribuições às políticas governamentais no âmbito estadual, como os estudos da Comissão Especial de Bioenergia do Estado de São Paulo, coordenados por José Goldemberg (Goldemberg, Nigro e Coelho, 2008), e no âmbito federal, como a instalação de unidades de geração de eletricidade da biomassa em comunidades da Amazônia e a aprovação de um projeto de captura e armazenagem do CO_2 da fermentação do caldo de cana em etanol pelo Global Environment Facility e MCT, em 2010. Essas ações foram realizadas dentro do Cenbio em conjunto com **Suani Coelho** (Figura 44) e **José Roberto Moreira**, do **Biomass Users Network (BUN)**. Em 2015, o Cenbio teve seu nome substituído por **Grupo de Pesquisa em Bioenergia**, do Instituto de Energia e Ambiente da USP (IEE/USP).

Figura 43: Grupo de pesquisa em bioenergia do IEE/USP.

Figura 44: Suani Coelho.

1997: retomada das pesquisas do IPT sobre utilização de etanol

Em decorrência do envelhecimento e sucateamento da frota de veículos a álcool no país, vinha ocorrendo uma redução da demanda por etanol hidratado. A combinação dessa situação com uma queda do preço do açúcar e aumento do preço do petróleo nos mercados internacionais provocou uma retomada das pesquisas e testes sobre novas aplicações de etanol como combustível. Dessa maneira, novos projetos e testes passaram a ser demandados pelo setor privado ao Laboratório de Motores do IPT, como:

- 1997/1998, Unica: Uso de emulsões de etanol hidratado em óleo diesel para aplicação em motores diesel – ensaios de desempenho e emissões e testes de campo em frota de ônibus.

- 1998, Alcopar: Uso de misturas etanol anidro/diesel em motores: ensaios de desempenho e emissões em dinamômetro.

- 1999, IPT: Estudos sobre o estado da arte e testes preliminares com veículos flexíveis.

- No mesmo período a divisão de química desenvolvia projetos de pesquisa sobre produção de plástico biodegradável e hidrólise de bagaço.

- Abril de 2000: Realização de seminário sobre motores flexíveis no IPT, antecipando e provocando o início da corrida pela tecnologia flexível no país.

Vale mencionar que, embora os sistemistas fossem favoráveis à introdução da tecnologia, a Anfavea manifestava-se contrária ao veículo *flex*, apelidando-o de "carro pato" (anda, nada e voa, mas faz tudo malfeito) e os produtores de etanol também decidiram se pronunciar contrários ao uso da tecnologia flexível na semana anterior ao seminário. Mesmo assim, com trabalhos técnicos consistentes sendo apresentados pelo IPT, por um representante da Unica, por sistemistas e por uma montadora, e contando com grande participação de representantes do governo do estado e federal e com a divulgação na mídia televisiva de modelos flexíveis sendo abastecidos, o seminário surtiu o efeito esperado na motivação dos consumidores de novos veículos. Assim, após o marketing de montadoras ter identificado forte demanda por esse tipo de tecnologia que já estava sendo ofertada pelos sistemistas, e decorridos três anos da realização do seminário, foi lançado o primeiro veículo flexível no país, configurando plenamente a tecnologia *flex* como uma inovação de mercado (Nascimento et al., 2009).

Segundo **Francisco Nigro** (2012), do IPT e da Escola Politécnica (Figura 45), foram muitas as lições aprendidas nessas décadas de pesquisas com etanol. Entre elas:

Figura 45: Francisco Nigro.

- A escala de tempo de desenvolvimento de programas de energia alternativa é a dezena de anos.

- É fundamental possuir, antecipadamente, a visão estratégica global do empreendimento, inclusive dos papéis a serem desempenhados por cada ator importante: área de ciência e tecnologia (C&T), governos, sociedade (setores econômicos já estabelecidos, empreendedores, consumidores finais etc.).

- A atração de multinacionais globais para atuarem na solução de problemas locais pode ser conseguida acenando-se com a demanda pelos consumidores.

- Um papel fundamental das entidades públicas de C&T deve ser mostrar o caminho, ainda que raramente possam se beneficiar economicamente do movimento provocado.

- Além da dedicação aos vários aspectos materiais da visão estratégica: infraestrutura física, sustentabilidade econômica, social e ambiental etc., destinar esforço especial à divulgação da visão e mobilização dos consumidores finais.

1999: aferindo a qualidade do etanol combustível

Em 1999, o primeiro fundo setorial da Finep (CT-PETRO), juntamente com o CNPq, propiciou a instalação de Laboratórios de Monitoramento da Qualidade do etanol (e outros combustíveis) em diversas universidades brasileiras, visando garantir a qualidade desse biocombustível em todo o território nacional, ficando a licitação e fiscalização desses laboratórios sob a responsabilidade da ANP.

A evolução da qualidade do etanol anidro e hidratado, produzido durante os quarenta anos do Programa Proácool, pode ser aferida pelas alterações ocorridas nas especificações técnicas exigidas para esse produto. Assim, limites máximos permitidos de concentração de alguns contaminantes foram modificados, enquanto outros contaminantes passaram a integrar as especificações técnicas desse produto (Normas Técnicas da Agência Nacional do Petróleo).

A qualidade do produto também tem desempenhado um papel preponderante na sustentabilidade econômica do etanol anidro como aditivo da gasolina, uma vez que a qualidade esteve presente na harmonização das especificações desse produto, realizada em 2007, visando à transformação do etanol em uma *commodity* global (White Paper – European Committee for Standardization (CEN), U.S. National Institute of Standards and Technology (NIST) e o Instituto Nacional de Metrologia (Inmetro), 2007).

Outra importante contribuição foi a invenção do densímetro termocompensado usado em vários postos de revenda, por **Luís Antonio Pinto**, que doou a patente para o Conselho Nacional do Petróleo (CNP) com o intuito de contribuir para a disseminação do uso do etanol combustível e sua aceitação pelo mercado consumidor[13].

---

13   Informação prestada por Plínio Nastari.

Antecedentes do carro *flex*

A **década de 1990** foi marcada por uma reestruturação do setor sucroalcooleiro por meio da desregulamentação paulatina, ao mesmo tempo que uma redução na demanda de etanol forçou os produtores a encaminhar mais cana para a produção de açúcar. Devido a isso, o produto passou a ganhar mercados no exterior, fazendo o Brasil se tornar um grande exportador de açúcar. Já a indústria automobilística, com a saída do carro a álcool do mercado, começou a observar as mudanças no mercado de combustíveis para veículos leves no país.

O álcool consumido internamente passaria a ser mais anidro que hidratado, mantendo-se mais ou menos constante a soma de ambos. Já no final da década de 1990, devido à queda no preço do etanol hidratado, muitos consumidores de gasolina (E20/E25)[14] passaram a utilizar em seus motores quantidades adicionais de etanol hidratado, formando misturas conhecidas popularmente como "rabo de galo".

Essa prática levou algumas montadoras a considerarem a introdução de **carros *flex***[15], isto é, com motores capazes de funcionar com quaisquer misturas gasolina-etanol (variando de E20 a E25[16]). No entanto, foi a empresa Magnetti Marelli que desenvolveu tecnologias para baixar o custo de produção dos sensores.

É importante que se mencione também que a introdução da tecnologia *flex-fuel* permitiu ampliar significativamente o mercado interno de etanol no Brasil, como destaca Eduardo Carvalho, ex-presidente da Unica. O aumento da venda de carros *flex-fuel* fez a produção de cana-de-açúcar e de etanol mudar de patamar, sendo por esta razão responsável pelas elevadas taxas de crescimento do setor sucroalcooleiro experimentadas na primeira década do século XXI, pelo menos até 2008[17].

Paralelamente, já no governo **Fernando Henrique Cardoso**, se deu a reestruturação do setor energético com a criação das agências reguladoras: ANEEL para o setor elétrico e ANP para o petróleo e combustíveis em geral. Com a **Lei n. 9.478**, terminava também o monopólio da Petrobras sobre a exploração

---

14   E20 refere-se ao combustível que contém 20% de etanol e E25 à 25%, respectivamente.

15   Os veículos *flex* foram introduzidos a partir de 2003. Até então havia veículos à gasolina (contendo até 25% de etanol) e veículos a etanol (96% etanol, 4% água v/v). Hoje, o nível de etanol na mistura com gasolina é de 27%.

16   De 20% a 25% de Álcool Etílico Anidro Combustível (AEAC), segundo especificação da ANP.

17   Mais informações sobre a tecnologia *flex-fuel* e a sua importância para a indústria podem ser encontradas em Teixeira (2005).

de petróleo no país. Com essa lei, um novo período promissor abriu-se para o setor de petróleo no país, viabilizando o aumento da produção de petróleo e gás.

A ANP foi criada também pela Lei n. 9.478 como **Agência Nacional do Petróleo**. Esta só passou a ser chamada de **Agência Nacional do Petróleo, Gás Natural e Biocombustíveis** a partir de 2011, por meio da **Lei n. 12.490**, que incluiu o etanol entre os produtos cuja produção, distribuição e comercialização são reguladas pela ANP. Já, o **pré-sal**[18] foi instituído em regime de partilha pela **Lei n. 12.351** de 2010.

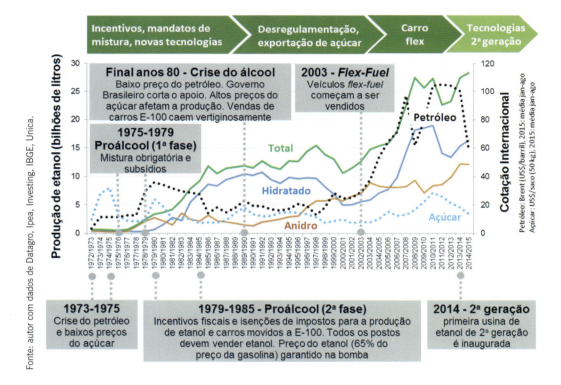

Figura 46: Fases do Proálcool 1972-2015.

---

18 A camada pré-sal é um grande reservatório de petróleo e gás natural, caracterizada por estar entre 4 mil e 5 mil metros de profundidade, abaixo do fundo do mar, localizada nas bacias de Santos, Campos e Espírito Santo, na região litorânea entre os estados de Santa Catarina e Espírito Santo. As estimativas de volumes variam de 8 bilhões a 80 bilhões de barris de petróleo.

Na segunda metade da década de 1990, o governo federal criou os **fundos setoriais**. O **CTEnerg** foi concebido para estimular a pesquisa e a inovação em energia no Brasil, tratando de todos os aspectos técnicos da energia exceto o petróleo, que recebeu um fundo específico, o CTPetro.

Nesse sentido, o CTEnerg passou a ser considerado uma ferramenta muito criativa para promover a investigação orientada, ainda que o foco não fosse propriamente a bioenergia. Outros mecanismos foram criados para financiar a pesquisa setorial na mesma época em que o país vivia um processo de privatização – foram os de "P&D" e "Eficiência Energética" –, coordenados pela ANEEL e ANP em conjunto com as concessionárias de energia.

Criação pela Fapesp do Projeto Genoma

A **Fundação de Amparo à Pesquisa do Estado de São Paulo (Fapesp)**, financiada com 1% do ICMS do estado de São Paulo, tem igualmente aplicado desde cedo consideráveis recursos em bioenergia. Em 1998, o projeto **SucEST**, financiado pela Fapesp como parte do seu **Programa Genoma**, iniciou o sequenciamento dos marcadores de sequências genéticas (ESTs) da cana-de-açúcar.

O genoma gigante de cana-de-açúcar, no qual um gene é em média representado por dez alelos, é um dos grandes desafios atuais de sequenciamento. Coleções de ESTs representam a alternativa mais rápida para uma caracterização inicial das sequências expressas, podendo contribuir significativamente para a identificação de genes associados a características agronômicas de interesse.

Fonte: FAPESP, 2016.

Figura 47: *Brasil líder mundial em conhecimento e tecnologia de cana e etanol*, uma publicação da Fapesp.

Cerca de 43 mil genes transcritos foram identificados no SucEST (Vettore et al., 2003). Essa iniciativa foi fundamental na formação de uma rede de pesquisa em genômica no Brasil e colocou o país na liderança em publicações internacionais indexadas sobre a cana. Um levantamento das pesquisas em cana e etanol, financiadas pela Fapesp naqueles anos, foi publicado em *Brasil líder mundial em conhecimento e tecnologia de cana etanol,* em português e inglês (Figura 47). Uma demonstração do impacto da entrada da Fapesp no financiamento à pesquisa, na área de cana-de-açúcar, pode ser vista na Figura 48.

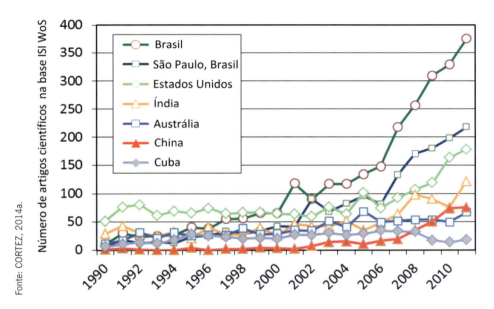

Figura 48: Evolução do número dos artigos científicos citados no ISI WoS em cana-de-açúcar comparado aos principais países produtores de açúcar.

Em 2003, o **SucEST-FUN**[19] foi criado para identificar a função dos genes. E, desde 2012, o BIOEN se dedica a montar o genoma poliploide gigante da planta, usando várias tecnologias de sequenciamento de última geração, em parceria com a Microsoft.

---

19 Ver <http://sucest-fun.org>.

Foram identificados genes de cultivares comerciais e dos ancestrais da cana, avançando o nosso conhecimento para o desenvolvimento de plataformas genômicas de melhoramento.

A **Alellyx** foi uma empresa fundada em fevereiro de 2002 por um grupo de biólogos moleculares e bioinformáticos, incluindo **Paulo Arruda,** da Unicamp, envolvidos no Projeto SucEST ou que participaram do Programa Genoma Fapesp. Instalada em Campinas, a Alellyx atuou em parceria com a empresa **CanaVialis**, fundada em 2003 e cujo foco era o melhoramento genético da cana-de-açúcar. Juntas, Allelyx e CanaVialis representaram um dos mais modernos programas de melhoramento de cana do mundo e um importante resultado do Programa Genoma Fapesp. Ambas as empresas foram adquiridas pela **Monsanto**, mas recentemente desativadas. Como dito anteriormente, em outubro de 2015, a Monsanto encerrou as atividades nessa área.

Pagamento da cana pela qualidade

No final da década de 1990[20], a Organização dos Plantadores de Cana da Região Centro-Sul do Brasil (Orplana) e membros da Unica constituíram um grupo técnico com o objetivo de elaborar um modelo de autogestão, com regras de relacionamento e um sistema de remuneração da matéria-prima.

Até então a cana que chegava à usina era paga aos fornecedores considerando apenas o seu peso. Necessitava-se de um novo modelo que considerasse também o teor de açúcar (pol) da cana, além do peso. A partir daí esse grupo técnico criou e implantou um sistema de pagamento da cana pela qualidade no país (no estado de São Paulo e outros estados que aderiram), sistema que representou um significativo avanço na tecnologia do setor.

Esse novo modelo ficou conhecido como **Consecana (Conselho dos Produtores de Cana-de-açúcar, Açúcar e Álcool do Estado de São Paulo)**, e foi implantado na safra de 1998/1999, tornando-se referência para a remuneração da cana.

---

20 O modelo de pagamento por sacarose já vinha sendo estudado desde 1978, segundo Manoel Ortolan, da Orplana.

Anos 2000

Fim das queimadas de cana-de-açúcar

As queimadas de cana, que antecedem a colheita, eram consideradas um grande problema ambiental, poluindo o ar e aumentando as doenças respiratórias no inverno. José Goldemberg, na época secretário do Meio Ambiente do Estado de São Paulo, formulou a **Lei Estadual n. 11.241/02**, que dispõe sobre a eliminação gradativa da queima da palha de cana[21].

Além da lei, houve também o estabelecimento de uma parceria entre a Secretaria Estadual de Meio Ambiente, a Secretaria Estadual de Agricultura e Abastecimento e a Unica, permitindo o estabelecimento do **Protocolo Agroambiental**, que estimulou uma ação voluntária de intensificação rápida do corte mecanizado da cana pela indústria sucroenergética, o que possibilitou o atingimento dos 90% de colheita sem queima.

Hoje, a colheita de "cana crua" (sem queima, Figura 49) já é praticada em mais de 90% da área colhida em São Paulo, onde é cultivada mais de 50% da cana do Brasil. No entanto, a colheita de cana sem queimar introduziu um novo desafio tecnológico: como colher mecanicamente e economicamente a cana integral sem compactar o solo, danificar a soqueira e trazer muitas impurezas para a indústria. Na época, houve grande preocupação com o desemprego na zona rural, e o **Projeto Renovação** da Unica permitiu a requalificação dos cortadores de cana (4.350 trabalhadores requalificados apenas na safra 2012/2013, segundo a Unica).

---

21   Ver <www.novacana.com/n/cana/colheita/safra-fim-queimadas-sp-180313/>.

Figura 49: Colheita mecanizada de cana-de-açúcar, sem queima.

Oscar Braunbeck, então na Unicamp e hoje no Laboratório Nacional de Ciência e Tecnologia do Bioetanol (CTBE), preocupado com o impacto da mecanização sobre a mão de obra, desenvolveu o projeto **Unimac**[22] na Faculdade de Engenharia Agrícola (Feagri/Unicamp). Essa tecnologia de colheita "semimecanizada" possibilita o uso de mão de obra nas operações de corte e ordenamento da cana, as quais requerem mais habilidade que esforço físico (Figura 50). Esse tipo de método de colheita pode ser interessante para regiões mais declivosas e onde a questão social seja mais crítica. Fizeram parte desse desenvolvimento **Paulo Graziano Magalhães** e membros da *spin-off* Agricef.

Presentemente, Oscar Braunbeck desenvolve no CTBE uma **Estrutura de Tráfego Controlado (ETC)**, que embute o desenvolvimento de processo de colheita multilinhas, integral de colmos e palha, focado na nova realidade, com redução de custos por meio da redução do tráfego, além de aumento da capacidade de colheita e da longevidade do canavial.

---

22   O projeto Unimac foi desenvolvido em cooperação com a *spin-off* Agricef, de ex-alunos de pós-graduação da Feagri/Unicamp.

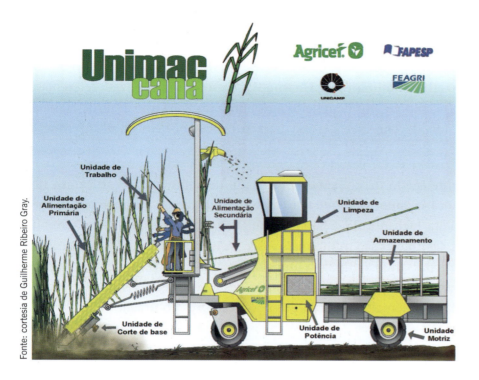

Figura 50: Projeto Unimac desenvolvido como sistema "semimecanizado" de colheita de cana-de-açúcar.

Com o fim das queimadas, aparece a palha de cana...

O fim das queimadas dos canaviais, que aconteceu principalmente no estado de São Paulo, trouxe à tona a questão da utilização da palha. Até então, quando a cana era queimada, a palha era eliminada com a queima, para facilitar a colheita que era feita manualmente, com poucas exceções. O fim das queimadas praticamente representou o fim do corte manual[23] e trouxe também uma importante pergunta: o que fazer com a palha? Um pesquisador que se destacou nessa fase, caracterizada pela quantificação e valorização da palha, tanto do ponto de vista energético como fertilizante, foi **Tomaz Caetano Cannavan Rípoli**, da ESALQ/USP. Com Rípoli ficou cunhado o termo "**palhiço de cana**" (Rípoli, 1991).

---

23   Apenas a "cana muda", ou seja, a cana que será utilizada como muda segue sendo colhida manualmente, e sem queimar.

Vários trabalhos posteriormente realizados pelo CTC e pelo CTBE elucidaram questões econômicas e ambientais do "rateio" da palha, quanto deveria ficar no campo e quanto poderia ser levado à usina para posterior aproveitamento energético. Entre os pesquisadores do CTC que se destacam nos estudos sobre a palha encontram-se **Jorge Luis Donzelli** e **Suleiman José Hassuani**. Os estudos de Donzelli referem-se à quantidade de palha a ser deixada no campo e seus benefícios agronômicos. Já os trabalhos de Hassuani referem-se à limpeza da cana quando da chegada à usina para o processo, bem como às rotas de recolhimento de palha.

O fim da queimada e correspondente início da colheita mecanizada de cana crua significaram uma mudança no processo de limpeza da cana, anteriormente feito com o uso de água, por meio da lavagem da cana. Com a introdução da colheita mecanizada, a cana passou a ser colhida não inteira, como no corte manual, mas picada em toletes. Os toletes são muito mais suscetíveis à perda de açúcar no processo de limpeza com água. Assim, as usinas passaram a utilizar a limpeza de cana "a seco", com ar, reduzindo o consumo industrial de água, mas levando um pouco mais de impurezas ao processo. Esse tema, embora ainda não suficientemente estudado, tem merecido atenção dos pesquisadores no Brasil.

2002-2003: outro capítulo na guerra comercial do açúcar e etanol, dessa vez com os europeus

O Brasil acusou a União Europeia de exportar açúcar com subsídios, no que foi acompanhado pela Austrália e Tailândia. Em 2002, a União Europeia era a segunda exportadora mundial da *commodity*, com 7,5 milhões de toneladas exportadas por ano. A ação é conduzida na Organização Mundial de Comércio (OMC, ou, em inglês, World Trade Organization – WTO), sob a coordenação da recém-criada Coordenadoria de Contenciosos do Ministério das Relações Exteriores (MRE), chefiada pelo então conselheiro Roberto Carvalho de Azevedo (posteriormente nomeado embaixador e atual diretor geral da OMC). O estudo que norteou o contencioso pelo Brasil, e acabou servindo de peça principal para a decisão do Órgão de Solução de Controvérsias da OMC, foi elaborado por Plínio Nastari, da Datagro, tornando-se conhecido como o "Undisputed Datagro Report".

2003: criação do Canasat

Com o Protocolo Etanol Verde, uma iniciativa do governo estadual paulista e do setor sucroenergético, antecipa-se o fim do prazo de colheita queimada no estado de São Paulo para 2014 nas áreas mecanizáveis (superiores a 150 ha e declividade máxima de 12%) e fica prevista a concessão anual de um certificado de conformidade aos produtores que adotarem boas práticas de manejo. Nesse sentido, é estruturado o consórcio **Canasat** entre Fapesp, CTC, Unica, Divisão de Sensoriamento Remoto (DSR) e Divisão de Sensoriamento Remoto Aplicado à Agricultura e Floresta (LAF), estes dois últimos do Instituto Nacional de Pesquisas Espaciais (INPE), com vistas ao monitoramento por satélite da área e da colheita de cana-de-açúcar (Figura 51).

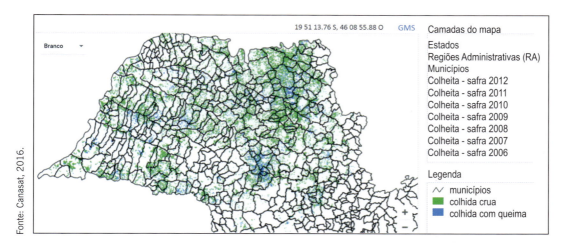

Figura 51: Monitoramento da colheita de cana-de-açúcar pelo Canasat.

Curva de aprendizado

O aumento da escala de produção em vários mercados tende a diminuir os custos unitários, inclusive pela incorporação de novas tecnologias. José Goldemberg constatou a redução dos custos à medida que um volume maior de etanol passou a ser produzido. Como o etanol é um substituto da gasolina, seu preço de venda está ligado ao custo da gasolina. Em um mercado de preços crescentes de gasolina, a diminuição dos custos do etanol resultou no cruzamento das curvas de custo dos dois combustíveis em torno do ano 2000.

Mas os preços do petróleo também podem diminuir, pressionando, assim, a competitividade do etanol. A curva correspondente a esse custo decrescente é a **learning curve**, ou curva de aprendizado (Figura 52), que mostra que no Brasil o etanol de cana-de-açúcar já não precisava mais de subsídios governamentais desde 2000, ano a partir do qual, ao contrário, o etanol de cana passou a "subsidiar" a gasolina por meio das misturas (Goldemberg, 2007).

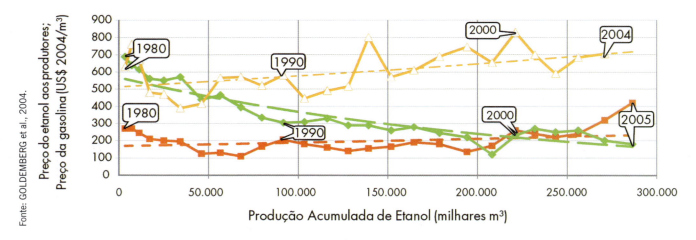

Figura 52: Curva de aprendizado do etanol de cana-de-açúcar no Brasil. Verde, preço do etanol BR; amarelo, preço da gasolina BR; laranja, preço da gasolina Rotterdam.

Eficiência energética nas usinas

A eficiência energética das usinas e destilarias tem melhorado no decorrer dos anos (Figura 53). Trabalhos pioneiros dessa análise foram os de **Alan Poole** e **José R. Moreira** (Poole; Moreira, 1979) e a tese de doutorado de **Luiz A. Horta Nogueira**, orientada por **Isaías Macedo** (Nogueira, 1987). Quanto à tecnologia industrial, incorporada nos equipamentos fornecidos pela indústria de bens de capital, trabalho pioneiro foi apresentado no **I Painel Nacional de Excedentes de Bagaço** (Olivério; Ordine,

1987), com soluções integradas compondo uma usina de etanol que possibilitam excedentes de bagaço de até 78% do bagaço total contido na cana processada.

Outra referência importante na área de engenharia térmica foi o livro *Uso de energia na indústria: racionalização e otimização*, publicado pelo IPT em 1996, sobre o balanço energético e a cogeração nas usinas.

Posteriormente, destacam-se os esforços realizados pelo CTC no projeto **Global Environment Facility (GEF)**, com financiamento do Banco Mundial, para o desenvolvimento de estudos sobre rotas de recuperação de palha de cana e seu aproveitamento em um processo de gaseificação avançada, sobretudo a partir da ameaça de racionamento de energia elétrica, conhecida como "apagão", ocorrida em 2002.

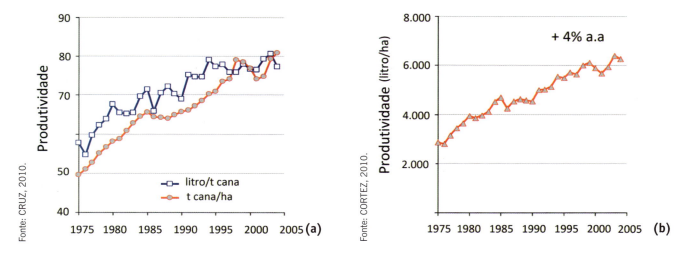

Figuras 53a e 53b: Evolução da produtividade agroindustrial do etanol de cana-de-açúcar no Brasil de 1975 a 2005.

Poucos setores conseguiram um incremento na sua eficiência total como o alcançado pelo setor sucroalcooleiro, de cerca de 4% ao ano. Isso foi possível graças ao efeito combinado do aumento de produtividade na agricultura da cana-de-açúcar e da eficiência industrial.

Os avanços na área de fermentação, por exemplo, foram significativos. Adotando uma estratégia de diminuição do tempo de fermentação visando à redução de custos, o tempo de fermentação caiu de quinze horas em 1975 para oito horas já em 1990 (Figura 54).

Entre os grupos de pesquisa que contribuíram para avanços na área de fermentação estão o da Faculdade de Engenharia de Alimentos da Unicamp, com **Francisco Maugeri Filho**, e seu processo de **fermentação extrativa**[24] e também o de Sílvio Roberto Andrietta, um dos expoentes em fermentação alcoólica no Brasil.

Uma novidade desenvolvida no país, no campo da destilação, já é responsável por quase um terço da produção de etanol (Oliveira e Vasconcelos, 2006). Trata-se de um processo de desidratação do etanol, conhecido como destilação extrativa, um método para a produção do álcool anidro que é adicionado à gasolina. Depois da etapa de destilação, que separa uma mistura líquida de componentes, o etanol hidratado ainda tem cerca de 4% de água.

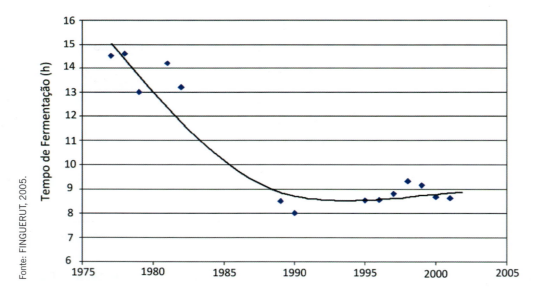

Figura 54: Evolução do tempo de fermentação do etanol de cana-de-açúcar no Brasil de 1975 a 2005.

"Pela técnica de destilação extrativa, um terceiro componente, o **monoetileno glicol (MEG)** é adicionado, o qual reduz a volatilidade da água, permitindo a vaporização do etanol. Em seguida, o álcool é condensado, gerando o etanol anidro. O monoetileno glicol, por sua vez, é purificado e retorna para

---

24   Conforme <www.inova.Unicamp.br/sici/visoes/ajax/ax_pdf_divulgacao.php?token=U3wVJREC>.

a primeira fase do processo", diz **Antonio José de Almeida Meirelles**, da Faculdade de Engenharia de Alimentos da Unicamp, que estudou o processo e participou da transferência da tecnologia para o setor industrial. "A destilação com MEG, ante o método convencional, reduz pela metade o consumo de vapor para destilar o etanol anidro." Introduzida no setor produtivo em 2001, a nova destilação já foi adotada por 28 usinas e responde pela produção de mais de 2,5 bilhões de litros de álcool anidro por ano, cerca de 30% do total produzido no país. Hoje, no entanto, há também outras tecnologias bastante utilizadas, como a do ciclohexano, peneira molecular e membranas.

As melhorias envolvendo a moagem, fermentação, destilação e combustão nas caldeiras podem ser vistas na Tabela 2.

Tabela 2: Melhorias tecnológicas nas usinas

	1975	2005
Capacidade de moagem-moenda 6 × 78" (t cana/dia)	5.500	14.000
Tempo de fermentação (h)	16	8
Eficiência de extração (%)	93	97
Eficiência de fermentação (%)	82	91
Eficiência de destilação (%)	98	99,5
Eficiência global da destilaria (%)	66	86
Eficiência das caldeiras (%)	66	88

Fonte: Leal (2008) apud J. Olivério e J. Finguerut.

De acordo com informações fornecidas por Henrique de Amorim, da empresa Fermentec, muito do avanço tecnológico obtido na moagem da cana deveu-se à Copersucar. Na época, o CTC contratou os melhores técnicos da África do Sul para melhorar o sistema de moagem, fazendo a eficiência de extração subir de 89% para 95% no período. Em seguida, desenvolveram-se moendas de menor custo e com maior capacidade de extração do que as encontradas na África do Sul.

Ainda segundo Amorim, a fermentação "era residual", as melhores usinas tinham eficiência de 75%. Nesse sentido, grandes foram as contribuições para o aumento da eficiência da fermentação por **José Paulo Stupiello**, da ESALQ/USP, e o próprio **Henrique Vianna de Amorim**, da Fermentec.

Uma área transversal nos processos industriais refere-se ao desenvolvimento de sensores. O grupo de pesquisas de **Nelson Ramos Stradiotto**, do Instituto de Química da Unesp em Araraquara, tem desenvolvido pesquisas nas áreas de química analítica e físico-química nas especialidades de eletroquímica e eletroanalítica. Essa temática de pesquisa está relacionada com sensores e detectores eletroquímicos e métodos eletroanalíticos na área de biocombustíveis.

2005: Seminário da Unicamp em comemoração aos 30 anos do Proálcool

Em novembro de 2005, a Unicamp realizou em Campinas um simpósio comemorativo dos trinta anos do Proálcool, intitulado: **1975-2005 – Etanol combustível: balanço e perspectivas – evento comemorativo dos 30 anos da criação do Proálcool**. O evento se deu em um momento de grande expansão do setor sucroenergético, impulsionado principalmente pelo crescimento acelerado da demanda de etanol decorrente do sucesso comercial dos veículos *flex-fuel*, que representavam cerca de 80% dos veículos leves produzidos no Brasil.

Inúmeros foram os temas discutidos, entre eles, o da tecnologia da indústria de equipamentos e os avanços obtidos muitas vezes decorrentes de parcerias entre o setor privado e os centros públicos de pesquisa.

O setor sucroenergético é um dos maiores exemplos de como a indústria nacional de equipamentos está apta a responder com rapidez e eficiência às necessidades do mercado, oferecendo produtos de qualidade e tecnologicamente atualizados no estado da técnica, com mínima importação e índice de nacionalização próximo de 100%.

O fator de indução desse desenvolvimento foi o mercado, e pode-se concluir que a razão dessa evolução tecnológica foi a existência e permanência de demanda originada pelo crescimento acelerado que se verificou na expansão do setor sucroenergético brasileiro. A Figura 55 esquematiza como se deu esse desenvolvimento em nosso país.

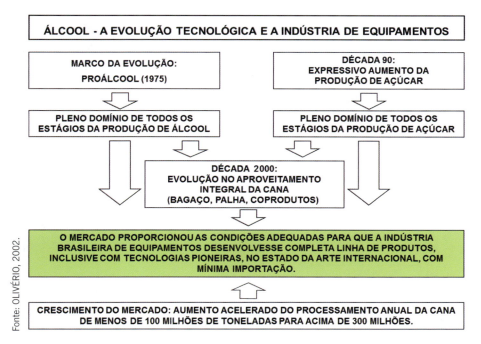

Figura 55: A evolução tecnológica e a indústria de equipamentos.

A evolução da tecnologia se deu nas três naturezas de fornecimentos típicos dessa indústria: em equipamentos, em processos e em unidades (plantas) ou usinas completas, com total abrangência nos diferentes estágios de conhecimento, iniciando com o domínio da pesquisa e desenvolvimento e passando pela engenharia processual, básica e detalhada, e pela implantação e a operação eficiente das unidades. Os fabricantes de equipamentos em seu conjunto possuem tecnologia própria e completa, desenvolvimento próprio e foram pioneiros na introdução mundial de inúmeras inovações tecnológicas. A Figura 56 ilustra como se processa essa evolução, que seguiu cinco grandes estágios:

- Aumento da capacidade dos equipamentos.
- Aumento dos rendimentos.

- Maior aproveitamento da energia da cana-de-açúcar.

- Maior aproveitamento de produtos e subprodutos da cana-de-açúcar.

- A usina de açúcar e álcool definida como uma unidade produtora de energia e alimentos.

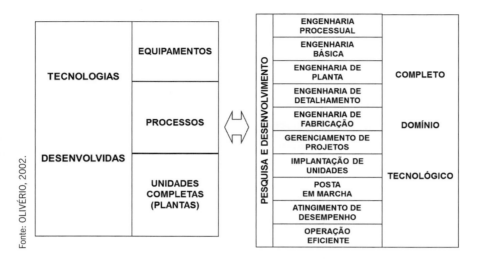

Figura 56: As diversas tecnologias da indústria de equipamentos.

Esse desenvolvimento industrial se deu pela interação e integração dos quatro pilares que promoveram e sustentaram essa evolução tecnológica (Olivério, 2005):

- Usinas de açúcar e as destilarias de etanol.

- Institutos e centros de tecnologia, aí incluídas as universidades.

- Conjunto de consultores especializados.

- Fabricantes de equipamentos.

Como resultado dessa acentuada evolução tecnológica, ocorreu sensível crescimento das produtividades, rendimentos e eficiências do setor industrial do agronegócio da cana-de-açúcar nos primeiros trinta anos do Proálcool, (Olivério, 2005b), conforme Tabela 3.

Tabela 3: Resultados da evolução tecnológica do setor industrial (1975 a 2005)

Parâmetros	Produtos Dedini	Início do Proálcool	2005
Capacidade de moagem (TCD) – 6 × 78"	DH1/MCD01	5.500	13.000
Tempo de fermentação (h)	CODISTIL Ferm. Bat/Cont	24	6
Teor alcoólico do vinho (°GL)	CODISTIL Fermentação	7,5	10,0
Rendimento extração (% aç. cana) – 6 ternos	DH1/MCD01/Difusor	93	97
Rendimento fermentativo (%)	CODISTIL Ferm. Bat/Cont	80	91
Rendimento da destilação (%)	Destiltech	98	99,5
Rendimento total (L álc.hidr./t cana)	Tecnologia CODISTIL	66	86
Consumo total de vapor (kg/t cana)	Tecnologia CODISTIL	600	380
Consumo de vapor-hidratado (kg/L)	Destiltech	3,4	2,0
Consumo vapor-anidro (kg/L)	Destiltech (+) Destilplus/Peneira Molecular	4,5	2,8
Caldeira-Eficiência (% PCI)	AZ/AT/COGEMAX	66	87
Pressão (bar)/Temperatura (°C)	AZ/AT/COGEMAX	21/300	85/530
Bagaço excedente (%) – usina de álcool	Tecnologia CODISTIL	até 8	até 78
Biometano a partir de vinhaça (Nm^3/L álc)	METHAX	–	0,1
Produção de vinhaça (L vinhaça/l álcool)	BIOSTIL	13	0,8

Siglas: TCD, Toneladas de Cana por Dia; PCI, Poder Calorífico Inferior, baseado no bagaço.

Sustentabilidade na produção do etanol

Sustentabilidade do etanol de cana é um conceito que se apoia em três pilares: econômico, social e ambiental. Sendo a sustentabilidade econômica um componente fundamental, é por vezes colocada como uma condição *sine qua non* para o sucesso de uma alternativa energética. Nesse sentido, a curva de aprendizagem proposta por Goldemberg mostrou como os custos de produção diminuíram ao longo dos anos.

Várias instituições de pesquisa deram contribuições significativas na área de sustentabilidade, como é o caso do **IPT** com as pesquisas sobre biodigestão de vinhaça, e de **Américo Martins Craveiro** (Craveiro et al., 1986) e do **INT** visando reduzir seu impacto poluente. Atualmente, **Marcelo Zaiat**, do Centro de Pesquisa, Desenvolvimento e Inovação em Engenharia Ambiental da Escola de Engenharia de São Carlos/USP, é um dos mais destacados pesquisadores na área de biodigestão de vinhaça, sendo seus estudos voltados principalmente à integração do aproveitamento desse resíduo nas fases agrícola e industrial do processo de produção de etanol.

Na sustentabilidade social da cana-de-açúcar, o Brasil fez importantes avanços a partir de meados do ano 2000. As condições de trabalho (formalização de emprego, idade dos trabalhadores, cumprimento das normas trabalhistas), além de melhorarem significativamente, apresentam indicadores melhores do que a maioria das atividades agropecuárias (segundo comunicação de Márcia Azanha Ferraz Dias de Moraes). Exemplificando, os empregos com carteira assinada na cultura da cana no Brasil atingem ao redor de 80%, enquanto a média agropecuária gira em torno de 40%. No estado de São Paulo, esse percentual é de aproximadamente 90%.

Isaías Macedo (Figura 57) e **Manoel Regis Lima Verde Leal**, na época ambos do CTC, deram importante contribuição para a sustentabilidade energética e ambiental do etanol. O livro *A energia da cana-de-açúcar: doze estudos sobre a agroindústria da cana-de-açúcar no Brasil e a sua sustentabilidade,* publicado pela Unica em 2005 e coordenado por Macedo, aborda os principais aspectos nessa área.

Figura 57: Isaías Macedo.

A construção do modelo brasileiro de produção simultânea de açúcar e etanol

Várias contribuições foram importantes na produção industrial, tanto para açúcar e etanol para a criação do que é conhecido como o **"modelo brasileiro"** de produção simultânea. **José Paulo Stupiello** (Figura 58) da ESALQ/USP e presidente da Sociedade Brasileira de Tecnólogos de Açúcar (STAB), é uma das referências em tecnologia de produção de açúcar no Brasil.

Figura 58: José Paulo Stupiello.

Fumio Yokoya, da Unicamp, é outra referência importante em microbiologia do etanol, tendo desenvolvido estudos fundamentais sobre a fermentação utilizando a cana e outras matérias-primas.

Já no CTC, **Jaime Finguerut** e **Carlos Rossell** foram dos muitos que contribuíram para "otimizar" o conceito das "usinas *flex*". Esses esforços resultaram em importantes contribuições à indústria do etanol, evidenciadas pela redução do tempo de fermentação.

Esse "modelo brasileiro" contém vários mecanismos que visam regular a oferta e demanda de etanol combustível em diferentes níveis. Os mecanismos podem ser divididos em três, como se segue:

Flexibilidade I: a cana-de-açúcar tem o seu melhoramento genético otimizado, visando maximizar o rendimento de sacarose por hectare. Dessa forma, a usina pode produzir mais açúcar quando o preço está mais elevado, e isso ajuda a equação econômica para produzir etanol mais barato. Normalmente, a maioria das usinas brasileiras pode ajustar seu processo para processar de 40% a 60% da sua sacarose em açúcar ou etanol, dependendo da situação econômica.

Flexibilidade II: no Brasil são produzidos dois tipos de etanol combustível: o hidratado e o anidro. O etanol hidratado (92% em massa) é para ser usado diretamente em veículos E100 e em veículos *flex-fuel*. O etanol anidro é que deve ser misturado à gasolina para formar o combustível E18-27, também conhecido como "gasolina C".

Portanto, quando há excesso de produção de etanol, além da consequente redução do preço na bomba, o governo pode aumentar a proporção misturada à gasolina. Como mais da metade do etanol produzido é do tipo hidratado, um excedente sazonal pode ser, assim, facilmente absorvido. Além disso, tipicamente, um ou dois meses antes da colheita de cana começar, há escassez de etanol hidratado, e o governo pode diminuir o percentual de anidro misturado na gasolina.

Uma vez que não há suficiente armazenamento de etanol no país, esse mecanismo de algum modo regula o mercado. Naturalmente, isso terá um efeito a montante nas usinas em que ambos os tipos de etanol são produzidos, o que requer equipamento adicional.

Flexibilidade III: não há veículos usando "gasolina pura" no Brasil desde meados dos anos 1970. A partir de 1979, os veículos E100, também conhecidos como carros a álcool, foram introduzidos, exigindo duas bombas diferentes em cada posto de gasolina no Brasil.

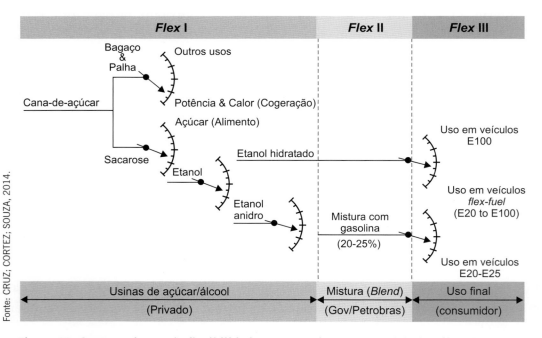

Figura 59: Os mecanismos de flexibilidade que constituem o "modelo brasileiro" para produção, conversão e uso do etanol combustível no país.

Isso foi feito, e de lá até 2014, tanto gasolina C (E18-E27) quanto E100 eram distribuídos em aproximadamente 39 mil postos de combustível em todo o país (Sindicom, 2014). No entanto, desde março de 2003, o veículo *flex-fuel* foi introduzido pelos fabricantes de automóveis para dar ao consumidor brasileiro uma outra opção: usar qualquer proporção de etanol (E100) e gasolina C (E18-E27).

Como regra usada pelos consumidores, quando o preço do etanol hidratado é inferior a 70% do preço da gasolina C, vale a pena usar o etanol hidratado (E100). Este terceiro nível de flexibilidade, orientado para satisfazer o consumidor, é considerado um sucesso de comercialização para o uso geral de etanol no país.

A contribuição do uso do etanol combustível sobre a saúde da população nas grandes cidades brasileiras

Também em questões de saúde relacionadas com as emissões veiculares a comunidade acadêmica deu importante contribuição, com trabalhos pioneiros de **György Miklós Böhm**, da Faculdade de Medicina da USP. **Paulo Saldiva** (Figura 60), do **Laboratório de Poluição Atmosférica da Faculdade de Medicina** (USP), estudou como o uso de etanol combustível e a redução das emissões geradas na cidade de São Paulo, por mais de 5 milhões de carros (a maioria dos quais *flex-fuel*), ajudam a aliviar a contaminação do ar. Segundo Saldiva, o uso do etanol combustível, em substituição à gasolina, é uma importante medida de política pública na saúde da população brasileira que vive nas grandes cidades (Sousa e Macedo, 2011).

Figura 60: Paulo Saldiva.

Destacam-se os estudos desenvolvidos pela **Companhia de Tecnologia de Saneamento Ambiental (CETESB, atualmente Companhia Ambiental do Estado de São Paulo)** sobre a emissão de poluentes atmosféricos pelos veículos a álcool e a gasolina, demonstrando que as emissões associadas ao uso do etanol (puro e em mistura com gasolina) apresentam menor impacto ambiental que as emissões associadas à gasolina pura. Merecem destaque os estudos desenvolvidos por **Alfred Szwarc** (Figura 61) e **Gabriel Murgel Branco**, na CETESB, no sentido de promover o uso em grande escala do etanol como estratégia para reduzir a poluição do ar.

Figura 61: Alfred Szwarc.

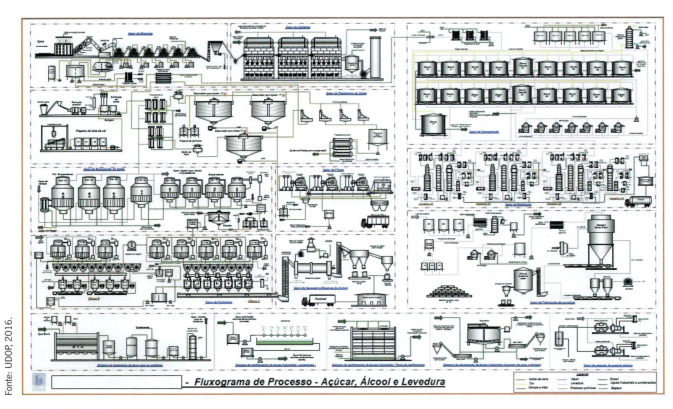

Figura 62: Fluxograma de uma usina de açúcar e álcool no Brasil.

Planejando o uso da terra para a bioenergia no Brasil

As perspectivas de rápida expansão da cana-de-açúcar para a produção de bioenergia voltada à exportação teve um importante impacto sobre o planejamento do uso da terra no Brasil. Valem menção os trabalhos conduzidos por **André Nassar** com o **Brazilian Land Use Model (BLUM)** e o **Zoneamento Agroecológico da Cana-de-Açúcar**, elaborado pelo **Ministério da Agricultura, Pecuária e Abastecimento (MAPA)** (Figura 63). Marcelo Moreira e outros pesquisadores do AgroÍcone também colaboraram para o BLUM.

1985-2003: estagnação, crise e crescimento | 105

Figura 63: Zoneamento agroecológico da cana-de-açúcar no Brasil.

O Zoneamento agroecológico da cana-de-açúcar no Estado de São Paulo foi realizado pelo programa **Biota** da Fapesp, coordenado por **Carlos Joly** do Instituto de Biologia da Unicamp (Figura 64).

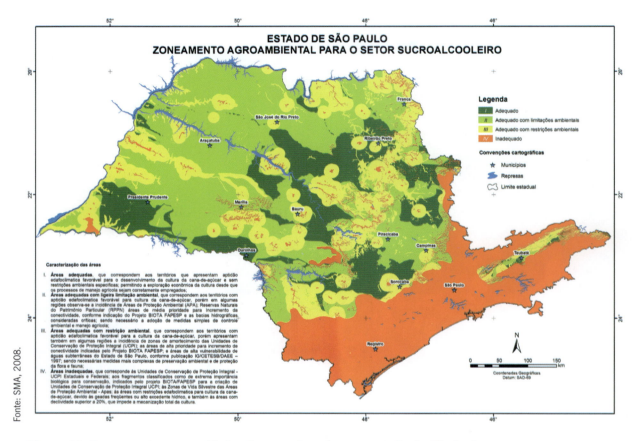

Figura 64: Zoneamento agroecológico da cana-de-açúcar no estado de São Paulo.

Observe-se que a área presentemente ocupada pela cana-de-açúcar no Brasil, de cerca de 9 milhões de hectares, equivale a **1% do território nacional**. Essa cana é utilizada basicamente para os fins de produzir açúcar, etanol e outros de menor expressão, como alimento animal, cachaça e rapadura. Segundo o IBGE, em 2008, cerca de 0,6% da área total do país era destinada à produção de etanol combustível.

Apesar dos avanços nas questões de sustentabilidade ligadas à área econômica, social e ambiental da produção e uso do etanol de cana-de-açúcar no Brasil, e dos esforços na sua comunicação, ainda há muita desinformação, principalmente em países que vivem realidades muito diferentes das existentes aqui.

Porém, algumas grandes transformações têm sido reconhecidas, como o fim das queimadas de cana no centro-sul brasileiro, redução do consumo de água nos processos industriais, regulação das dosagens de aplicação da vinhaça e proteção das matas ciliares vizinhas aos canaviais. Apesar disso, muito ainda está sendo feito para melhorar os indicadores relativos à sustentabilidade da produção (Filoso et al., 2015).

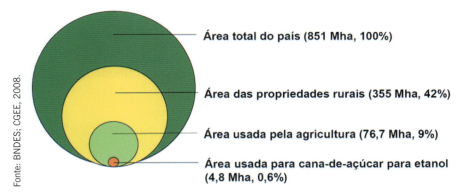

Figura 65: Na produção de etanol de cana-de-açúcar no Brasil utiliza apenas 0,6% da área total do país.

Avanços na aplicação de vinhaça

O tema da vinhaça mereceu grande atenção, dado que os volumes produzidos desse efluente eram consideráveis, assim como seu potencial poluidor. Tradicionalmente, o processo de fermentação utilizado produz de 10 a 14 litros de vinhaça/litro de etanol.

O método de fermentação utilizado no Brasil é conhecido por **Melle-Boinot** (Figura 66), descrito em Valsechi (1944). Nesse processo se obtém, como foi dito anteriormente, quantidades expressivas de vinhaça.

São duas as rotas tecnológicas de redução desse volume de vinhaça, sendo a primeira pelo uso de processos de fermentação com maior teor alcoólico, e a segunda por meio da evaporação, retirando-se parte da água da vinhaça e concentrando os resíduos sólidos no efluente remanescente. Já há processos industriais disponíveis no mercado que seguem esta segunda rota.

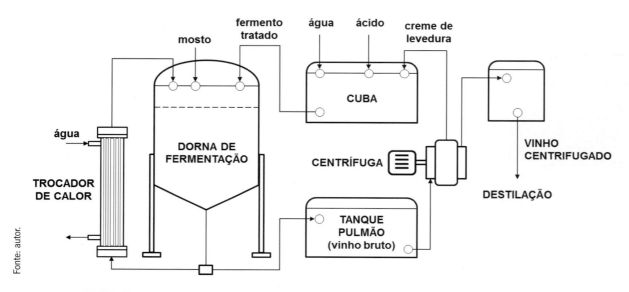

Figura 66: Método de fermentação Melle-Boinot utilizado nas usinas brasileiras.

A fermentação de alto teor alcoólico foi desenvolvida em parceria pela Fermentec, que se encarregou do processo e da seleção de leveduras mais tolerantes, e pela Dedini, que desenvolveu a planta industrial adequada ao processo, no qual empregou um *chiller* de absorção, introduzindo de forma inovadora na usina um fluxo de água gelada. A planta de demonstração, com capacidade de 20 mil litros de etanol/dia, foi instalada na Usina Bom Retiro, no estado de São Paulo (Figura 67) (Olivério, 2010a). Foram selecionadas e desenvolvidas leveduras mais tolerantes à alta concentração de etanol, possibilitando que a fermentação ocorresse até a 16 °GL, e reduzindo assim o volume de vinhaça a menos de 50% do obtido com o processo tradicional.

Figura 67: Visão geral da planta Ecoferm, com fermentação de alto teor alcoólico utilizando resfriamento com água gelada.

O processo foi denominado **Ecoferm** e gerou um pedido de patente internacional com cotitularidade das duas empresas (Amorim e Olivério, 2010).

Por outro lado, mesmo seguindo a estratégia de reduzir o volume de vinhaça produzido, ainda há que se dar um destino para ela. Nesse sentido, a biodigestão da vinhaça pode ser considerada como um pré-tratamento para a redução da carga orgânica, com o benefício da geração de biogás. No entanto, ainda hoje, poucas usinas[25], como a São Martinho, utilizam a biodigestão termofílica para o tratamento da vinhaça. Trabalhos nessa área são desenvolvidos por **Jorge Lucas Júnior**, da Unesp Jaboticabal. O uso de biodigestores em outras áreas, como cervejarias, é considerado bem difundido.

Um importante projeto de biodigestão e uso energético da vinhaça teve tecnologia da planta desenvolvida no Brasil e resultou de um *pool* tecnológico, onde atuaram a PEM Engenharia com a engenharia básica,

---

25 Segundo informações fornecidas dor Alfred Szwarc, da Unica, entre as usinas que têm adotado a biodigestão de vinhaça estão hoje: a Usina Ester; a Usina Companhia Alcoolquímica Nacional, em Pernambuco, em parceria com a CETREL; e o Grupo JB (ver <www.biomassabioenergia.com.br/noticia/no-nordeste-vinhaca-da-cana-produz-eletricidade/20120409083753_L_410>); e uma unidade no Paraná, parceria entre a Coopcana e a Geoenergética (<http://revistadinheirorural.terra.com.br/secao/agronegocios/energia-sustentavel-da-cana>).

os especialistas em biodigestão Karl Richbieter e Ivo Richbieter, a Codistil Dedini como fabricante de planta e a Automatus como fornecedora do compressor de biometano de alta pressão. O *pool* desenvolveu e implantou na Usina São Luis, Pirassununga, SP, na época uma das empresas Dedini, uma unidade para desenvolvimento de processo, em pequena escala, onde se comprovou a viabilidade técnica e se levantaram os parâmetros de engenharia para o projeto da unidade industrial.

Após os entendimentos entre as partes, o processo tecnológico ficou de propriedade da Codistil Dedini, que, em 1986, implantou a primeira planta industrial do gênero na Usina São João, em São João da Boa Vista (SP), também à época uma empresa Dedini, com financiamento do BNDES destinado a soluções pioneiras, e uma planta Methax para a produção de 6.500 Nm^3/dia de biometano, com as seguintes características:

- tratamento de um terço da vinhaça da usina por biodigestor anaeróbio, utilizando um reator de fluxo ascendente com leito de lodo e produzindo biogás e um efluente biodigerido;

- a biodigestão atua sobre a matéria orgânica presente na vinhaça e praticamente não atua sobre os demais componentes. Dessa forma, o efluente biodigerido mantém as qualidades fertilizantes principalmente por não perder o seu teor em potássio;

- purificação do biogás e concentração do biometano;

- compressão do biometano até 220 bar;

- abastecimento da frota da usina com o biometano comprimido.

O biometano abasteceu toda a frota canavieira da Usina São João, composta de 29 caminhões, 17 veículos leves (Olivério; Miranda, 1989) e 1 trator, além de um terço da frota de ônibus do transporte urbano da cidade de São João da Boa Vista, em um convênio envolvendo a municipalidade, a Mercedes-Benz, a empresa de ônibus urbano, a distribuidora de combustíveis Ipiranga e a própria Usina São João.

A planta Methax operou comercialmente de 1986 a 1995, após o que foi desativada devido ao fato de que nesse intervalo ocorreu uma mudança no perfil dos caminhões canavieiros, que de até 200 CV (para os quais existiam disponíveis motores a gás a ciclo Otto) passaram a utilizar motores da ordem de 400 CV, não disponíveis no mercado.

Essa **planta Methax**, contudo, comprovou que se obtém maior retorno sobre o investimento para o biogás/biometano substituindo o diesel na frota canavieira (Olivério, 2011a). As Figuras 68, 69 e 70 a seguir se referem ao Projeto Methax e foram fornecidas por José Luiz Olivério.

Figura 68: A planta Methax instalada na Usina São João, em São João da Boa Vista (SP).

Figura 69: Caminhão canavieiro sendo abastecido de bioetanol.

Figura 70: Um terço da frota de ônibus de São João da Boa Vista foi abastecido por biometano a partir de julho de 1989.

Atualmente, existem cerca de duzentos biodigestores no Brasil, implantados por exigência ambiental, em outros setores não canavieiros.

A solução mais adotada no Brasil para a disposição da vinhaça foi a fertirrigação. No entanto, devem ser estimulados estudos que possibilitem reduzir as quantidades desse efluente, como o desenvolvimento de leveduras mais tolerantes ao etanol, ou concentrando a vinhaça. Nesse sentido, a Fermentec tem envidado esforços para aumentar o teor alcoólico utilizando novas leveduras, inclusive com financiamento da Fapesp. Foram obtidos teores alcoólicos de 16% (v/v), com a redução da vinhaça pela metade. O impacto econômico dessa inovação foi mostrado por Henrique de Amorim na XVI Conferência Internacional da Datagro sobre açúcar e etanol.

Programa Probiodiesel

A exemplo do Proálcool, foi criado o **Programa Nacional de Produção e Uso de Biodiesel (Probiodiesel)** por meio da Portaria MCT n. 702, de 30 de outubro de 2002. Em função disso, o governo federal definiu metas para impulsionar a produção de óleos vegetais (1,3 bilhão de litros), de plantas para transesterificação e também de misturas biodiesel/diesel, começando pela mistura B2 (2% de biodiesel e 98% de diesel)[26] e, em 2014, atingindo a B7.

Exemplo importante de interação entre pesquisa e indústria se encontra na planta de biodiesel da Agro Palma, em Belém (PA). Tratou-se de um negócio pioneiro, a primeira planta de biodiesel adquirida no Brasil em regime de concorrência. Por solicitação da Agro Palma, foi desenvolvida na UFRJ pelo prof. Donato Aranda um processo para a produção de biodiesel tendo como matéria-prima os ácidos graxos, subprodutos da produção de óleo de palma. O processo utilizava um catalisador heterogêneo e tinha rota tecnológica flexível, etílica ou metílica, isto é, alternativamente podia ter como segunda matéria-prima o etanol ou o metanol. Esse desenvolvimento, em nível de laboratório, gerou uma patente.

Diretamente a partir das equações de processo e demais dados obtidos no laboratório, a Dedini, que ganhou essa primeira concorrência realizada no Brasil em plantas de biodiesel, concebeu, projetou e forneceu no regime *turn-key*, em 2005, a planta de biodiesel com capacidade de 10.000 t/ano; ou seja, diretamente da escala de laboratório para a industrial. A Figura 71 apresenta a planta (Olivério, 2009b).

---

26   Ver <www.mme.gov.br/programas/biodiesel/menu/programa/objetivos_diretrizes.html>.

Figura 71: A planta de biodiesel – Agro Palma – do laboratório para a solução industrial.

O Programa de Biodiesel gerou para a Dedini a oportunidade de desenvolver uma significatica inovação mundial: a integração biodiesel-bioetanol. A ideia desse desenvolvimento ocorreu ao se analisar as inúmeras sinergias existentes entre as cadeias produtivas e os processos desses dois biocombustíveis, levando à concepção de uma planta de produção de biodiesel integrada à usina sucroenergética (Figura 72).

Essa solução pioneira foi transformada em realidade, com a Dedini projetando, fabricando e implantando na Usina Barralcool uma unidade produtora de biodiesel.

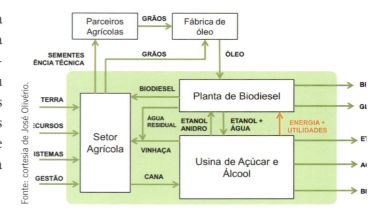

Figura 72: A produção integrada de biodiesel na usina Barralcool – Sinergias, integração agrícola e industrial.

Dessa forma, a Barralcool se transformou na primeira usina 4 Bios do mundo, por produzir bioaçúcar, bietanol, bioeletricidade fornecida à rede de distribuição e biodiesel.

O trabalho foi apresentado como um *paper* no XXVI Congresso do ISSCT e ganhou o prêmio Best Paper na seção de coprodutos (Olivério; Barreira; Rangel, 2007), sendo incluído no livro *Bioetanol da cana de açúcar*. A Figura 73 apresenta a Usina Barralcool, a usina 4 Bios.

Figura 73: A Usina Barralcool. Vista aérea da planta de biodiesel integrada à Usina Sucroenergética.

2002: cria-se o JornalCana

Criado em 2002 pelo grupo ProCana Brasil, o *JornalCana* (Figura 74) possui circulação mensal no formato digital (internet) e impresso e apresenta as novidades técnicas, colaborando para o desenvolvimento do setor sucroalcooleiro. Nele são publicadas informações sobre as empresas, universidades, centros de pesquisa, eventos, mercado e relações com o governo, sendo assim o principal canal aberto com informações relevantes do setor[27].

Figura 74: *JornalCana*.

---

27 Ver <www.jornalcana.com.br/>.

4. O século XXI

2003: a introdução dos carros modelo FFV (*flex-fuel vehicle*)

Com o aumento do preço do petróleo na primeira década do século XXI, o etanol de cana-de-açúcar ganhou um novo impulso. Após diversas tentativas pelos sistemistas de introduzir no país uma variante da tecnologia *flex* que já vinha sendo aplicada nos Estados Unidos, e após a realização pelo IPT do seminário mencionado no Capítulo 3 de disseminação e conscientização sobre o potencial da tecnologia, a indústria automobilística percebeu que o consumidor demandava um veículo com motor flexível, que funcionasse com qualquer proporção de etanol na mistura combustível.

A introdução da tecnologia *flex-fuel* representou um verdadeiro marco para o uso de biocombustíveis no Brasil. Nesse sentido, pode-se dizer que houve uma história antes e outra depois da introdução dessa tecnologia, segundo comunicação de **Eduardo Carvalho**, ex-presidente da Unica[1].

O consumidor queria um carro a álcool que pudesse funcionar com gasolina para não ficar à mercê das oscilações de preço, comuns ainda hoje na entressafra da cana, e também não queria ficar refém de um combustível que poderia faltar e consequentemente desvalorizar seu patrimônio. Recorde-se aqui a experiência da crise de 1989, já comentada neste texto.

Os **modelos FFV** (*flex-fuel vehicle*) já existiam nos EUA e operavam com misturas de gasolina e etanol anidro. Nesse contexto, em 2002, a Ford apresentou o Ford Fiesta no Brasil. Todavia, o primeiro veículo FFV no mercado brasileiro foi o Gol (Figura 75), lançado pela Volkswagen em 2003 e que operava com

---

1 Mais sobre a história da introdução da tecnologia *flex-fuel* pode ser encontrado em Teixeira (2005) e Nascimento (2009).

misturas de gasolina C e etanol hidratado. Posteriormente, outras montadoras aderiram à novidade e lançaram seus modelos. O Brasil inovou ao utilizar um novo conceito nos veículos FFV. Em vez dos tradicionais sensores de etanol na linha de combustível do veículo, a **Magneti Marelli (MM)** desenvolveu e apresentou um pedido de patente de um "sistema de controle de motor" simples e inovador baseado na medição de oxigênio no gás de escapamento pela "sonda lambda" (Figura 76), sensor já utilizado nos veículos para o controle da emissão de poluentes. O sinal gerado por esse sensor é enviado para o módulo eletrônico que gerencia a operação do motor e do sistema de controle de emissão, que ajusta a mistura ar/combustível para o valor estequiométrico. O desenvolvimento desse sistema no Brasil permitiu ao motor *flex* um salto qualitativo considerável em relação aos seus congêneres produzidos nos EUA e Europa. A tecnologia MM, por ser simples e barata, ganhou aceitação e hoje é referência no Brasil.

Figura 75: Gol *flex-fuel* da Volkswagen.

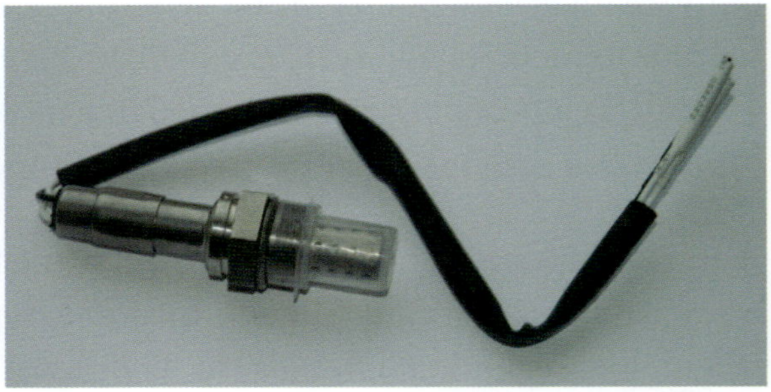

Figura 76: Sonda lambda Magneti Marelli.

A partir de 2014, os veículos *flex* passaram a receber outra inovação. Os "tanquinhos" de gasolina para partida a frio passaram a ser substituídos em vários modelos por dispositivos de preaquecimento do etanol nos sistemas de injeção do combustível no motor, resultando em economia de combustível e redução na emissão de poluentes. Foi também em 2014 que surgiram no mercado modelos *flex* dotados de sistemas de injeção direta de combustível e motor turbinado, e outros dotados de sistema *start-stop*, com ganhos em economia no consumo e melhor desempenho.

Também em 2003 a Unicamp desenvolveu um reformador de etanol para hidrogênio. O Grupo de Hidrogênio da Unicamp, coordenado por **Ennio Peres da Silva,** realiza estudos visando o desenvolvimento de um reformador de etanol para o uso de hidrogênio veicular[2].

2004: mudanças na gestão do CTC

A partir de 2004, após o seu desmembramento da Copersucar, o CTC passou a se chamar **Centro de Tecnologia Canavieira (CTC)** (Figura 77). O CTC exerceu um papel fundamental desde a sua criação, sobretudo na transferência de tecnologia às usinas. Avanços significativos em gerenciamento agrícola são devidos, em sua maior parte, ao CTC; aí se deve acrescentar mecanização agrícola, microbiologia da fermentação, economia de energia e de água, aplicação de vinhaça e torta de filtro, entre outros. Já em meados dos anos 1980 o CTC defendia o aumento de pressão das caldeiras para maior aproveitamento do bagaço de cana usado como combustível.

Figura 77: Foto aérea do Centro de Tecnologia Canavieira (CTC) em Piracicaba.

O CTC foi criado para realizar pesquisas e desenvolver novas tecnologias para aplicação nas atividades agrícolas, logísticas e industriais dos setores canavieiro e sucroalcooleiro e, também, desenvolver um programa de melhoramento para criar novas variedades de cana-de-açúcar, assistindo tecnologicamente as usinas cooperadas. O CTC é um dos poucos centros de tecnologia existentes no Brasil criado e mantido pelo setor privado.

As suas pesquisas são realizadas com recursos dos produtores cooperados. As variedades desenvolvidas pelo programa geram *royalties* – quando são utilizadas comercialmente – que são aplicados na manutenção do programa. O CTC é responsável pelas variedades CTC (antes SP), que compõem cerca de 60% das lavouras das unidades associadas ao centro e 45% das áreas dos demais produtores.

---

2   Ver <www.unicamp.br/unicamp/unicamp_hoje/ju/agosto2003/ju223pg03.html>.

2005: muitos acontecimentos

Embraer lança o avião Ipanema movido a etanol hidratado

Em 2005 a **Empresa Brasileira de Aeronáutica (Embraer)** lança o avião agrícola **Ipanema (Ipanema 202)**, preparado e homologado para utilizar etanol hidratado. Segundo informações colhidas em BNDES (2008), o uso de etanol hidratado reduz em mais de 40% o custo por quilômetro voado e aumenta em 5% a potência útil do motor. Até 2014, foram 269 aeronaves vendidas e 205 *kits* de conversão, totalizando 474 aeronaves voando a etanol (Embraer, 2014). O avião é utilizado principalmente na pulverização de fertilizantes e defensivos agrícolas, evitando perdas por amassamento na cultura e flexibilizando a operação. Ele também pode ser utilizado para espalhar sementes, no combate primário a incêndios, povoamento de rios e combate a vetores e larvas. As principais culturas que têm demandado o avião são: algodão, arroz, cana-de-açúcar, citrus, eucalipto, milho, soja e café.

Segundo a Embraer (2015), hoje, cerca de 40% da frota em operação é movida a etanol e aproximadamente 80% dos novos aviões são vendidos com essa configuração. Em abril de 2015 a Embraer lançou o novo modelo **Ipanema 203**, também, movido a etanol, conforme características apresentadas na Tabela 4.

Tabela 4: Comparação entre os modelos Embraer Ipanema 203 e Ipanema 202

Característica	Ipanema 203	Ipanema 202
Comprimento das asas	13,30 m	11,07 m
Envergadura da empenagem	4,27 m	3,66 m
Altura máxima	2,43 m	2,22 m
Comprimento da aeronave	8 m	7,43 m
Diâmetro da hélice	2,18 m	2,13 m
Capacidade do hopper	1.050 litros	900 litros

Fonte: Embraer (2014 e 2015).

Criação da Rede Bioetanol

Também em 2005 o Ministério da Ciência, Tecnologia e Inovação (MCT) criou a **Rede Bioetanol**, coordenada por **Rogério Cezar de Cerqueira Leite** (Figura 78) da Unicamp, que funcionou com várias universidades, CTC, entre outros, e visava iniciar uma articulação das competências existentes no país que, eventualmente, pudessem contribuir para a realização de uma tecnologia de produção de etanol celulósico no país[3]. A Rede Bioetanol trabalhou por três anos identificando as competências e barreiras científicas e tecnológicas e criou as bases para o programa de hidrólise do Laboratório Nacional de Ciência e Tecnologia do Bioetanol (CTBE). Entre os pesquisadores que estiveram envolvidos na Rede Bioetanol destacam-se **Antonio Bonomi** (CTBE) e **Elba Bonn** (UFRJ).

Figura 78: Rogério Cezar de Cerqueira Leite.

Outros grupos de pesquisa que colaboraram para o desenvolvimento de C&T em etanol de segunda geração estão o grupo da USP São Carlos, com os pesquisadores **Igor Polikarpov** e **Paulo Seleghim Júnior**; o grupo da USP Lorena, com **Maria da Graça de Almeida Felipe**; **George Jackson de Moraes Rocha**, do CTBE; **Adilson Roberto Gonçalves**; e o grupo de **Luiz Ramos**, da UFPR.

Guerra do Iraque e entrada dos Estados Unidos na produção de etanol

O início da década foi marcado pelos conflitos na região do golfo Pérsico, em particular da Guerra do Iraque decorrente do atentado de 11 de setembro de 2001 aos Estados Unidos. Esses eventos mudariam a política energética norte-americana, que passaria a dar mais importância ao etanol de milho produzido na região do "Corn Belt" americano. Embora os EUA produzam etanol de milho há décadas, o aumento da produção de etanol combustível, notadamente na primeira década deste século, teve impactos importantes no mercado mundial e também no Brasil. Em primeiro lugar, acendeu a discussão sobre

---

3   Conforme <http://cenbio.iee.usp.br/projetos/bioetanol.htm>.

alimentos *vs.* biocombustíveis (*food vs. biofuels*) dado que o etanol nos EUA era produzido a partir do milho, impactando o preço do milho para alimentos (como o preço da *tortilla* no México), ainda que de forma episódica[4].

Outro ponto importante foi a **parceria EUA-Brasil,** feita pelos governos Bush e Lula em 2005, para colaboração científica e tecnológica na área dos biocombustíveis e do etanol em particular. Os EUA estabelecem como meta chegar a consumir o equivalente a 100 bilhões de litros de etanol em 2020, sendo 50 bilhões de etanol de milho de primeira geração, 25 bilhões de litros de etanol de segunda geração e outros 25 bilhões de litros de biocombustíveis importados, mas considerados "avançados". Eram 136 bilhões de litros de biocombustíveis para 2020, sendo o uso do etanol de milho limitado a 15 bilhões de galões (56,8 bilhões de litros) e o dos biocombustíveis avançados de mínimo 5 bilhões de galões (18,9 bilhões de litros).

O governo americano, reconhecendo a dificuldade de produzir de forma econômica o etanol de segunda geração, propôs um volume de produção de 106 milhões de galões para 2015, menos de 2% do valor esperado quando do lançamento da nova legislação sobre biocombustíveis há uma década[5]. Em 2008, a **Environmental Protection Agency (EPA)** concedeu o *status* de "biocombustível avançado" ao etanol de cana-de-açúcar produzido no Brasil[6]. O etanol brasileiro é ainda o único que satisfaz ao critério de "*advanced*" na quota do Renewable Fuel Standards (RFS) americano.

Segundo Sergio C. Trindade, outro objetivo importante da parceria EUA-Brasil no etanol era a promoção de terceiros mercados de etanol combustível, para viabilizar o comércio internacional sustentável do produto.

Mudanças na governança do setor sucroalcoleiro no Brasil: a entrada de grandes grupos ligados ao petróleo

Os meados da primeira década do século XXI foram marcados por um grande crescimento do setor, de cerca de 10% ao ano. Esse fenômeno, associado à forte expansão da produção de etanol também nos

---

4   Mais sobre esse assunto em Souza et al. (2015).
5   Ver <www.federalregister.gov/articles/2015/06/10/2015-13956/renewable-fuel-standard-program-standards-for-2014-2015-and-2016-and-biomass-based-diesel-volume-for#h-17>.
6   Ver <www.ictsd.org/bridges-news/pontes/news/classifica%C3%A7%C3%A3o-da-epa-amplia-perspectivas-para-etanol-brasileiro>.

EUA, fez crescer o interesse de importantes empresas petroleiras no mercado do etanol. Assim, empresas como a Petrobras, Shell e British Petroleum investiram pesadamente no mercado brasileiro, comprando e construindo novas usinas e destilarias, chamadas de *green field*. Por exemplo, o Grupo Cosan iniciou um processo de diversificação para ir do canavial ao posto de serviço, comprando os ativos de distribuição de derivados e lubrificantes da Esso no Brasil. Posteriormente, uniu-se à Shell nesse mesmo setor. E ampliou o leque de atividades na área de gás e logística de transportes e terminais. Hoje, o Grupo Cosan é um dos maiores grupos privados no Brasil. O grupo envolve as empresas Comgás, Raízen, Cosan Lubrificantes, Radar e Rumo.

A entrada desses grupos foi também acompanhada de um fenômeno de aquisições que aglutinou usinas, fazendo crescer seu tamanho médio. Enquanto no início do Proálcool o porte financiado pela Cenal era de 120 mil litros/dia, hoje a faixa de produção está entre 500 mil a 8 milhões de litros de etanol/dia. As maiores usinas ainda continuam sendo a Usina São Martinho e a Usina da Barra, ambas no interior paulista.

Quais os limites da expansão da produção de etanol no Brasil?

Para responder a essa pergunta de uma maneira técnica, em 2005 iniciou-se um projeto coordenado por **Rogério Cezar de Cerqueira Leite**, professor emérito da Unicamp, que realizou uma série de estudos com o Centro de Gestão de Estudos Estratégicos (CGEE), visando responder a questões quanto à possibilidade de substituir 10% de toda a gasolina consumida no mundo com etanol de cana-de-açúcar em 2025, uma expansão da ordem de dez vezes a produção de etanol da época. O projeto teve como vice-coordenadores **Manoel Sobral Júnior**, **Manoel Régis Lima Verde Leal** e **Luís Cortez**.

Alguns dos resultados do estudo foram publicados em 2009 por Leite no artigo **"Can Brazil replace 5% of the 2025 gasoline world demand with ethanol?"**, na revista *Energy* (Figura 79). Note-se que no projeto foram investigados dois cenários: a substituição de 5% e 10%. Os mapas de aptidão (Figura 80) para a cana-de-açúcar no Brasil foram confeccionados pela equipe de **Jorge Luis Donzelli**, do CTC.

Figura 79: Artigo "Can Brazil replace 5% of the 2025 gasoline world demand with ethanol?"

Esse estudo possibilitou ao Brasil visualizar com mais clareza a importância de se produzir pesquisas em alto nível visando ao uso integral e sustentável da cana-de-açúcar. Posteriormente, em 2008, criou-se o **Laboratório Nacional de Ciência e Tecnologia do Bioetanol (CTBE)** junto ao Laboratório Nacional de Luz Síncrotron (LNLS), em Campinas (SP), inicialmente com cinco programas de pesquisa: agricultura de mínimo impacto (Oscar Braunbeck), hidrólise (Carlos Rossell), biorrefinaria virtual (Antonio Bonomi), ciência básica (Marcos Silveira Buckeridge) e de sustentabilidade (Manoel Régis Lima Verde Leal e Arnaldo Walter).

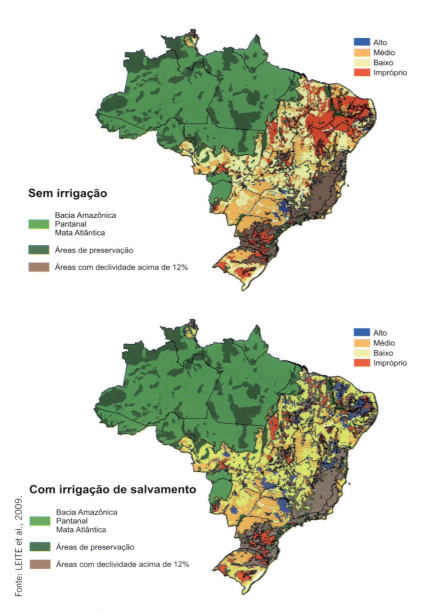

Figura 80: Áreas aptas para o cultivo de cana no Brasil (Leite et al., 2009), áreas selecionadas e logística para o escoamento do etanol produzido, considerando a substituição de 10% da gasolina por etanol de cana do Brasil em 2025 (Leite et al., 2009).

Cylon Gonçalves, do Instituto de Física Gleb Wataghin (IFGW) da Unicamp, e como primeiro diretor[7] **Marco Aurélio Pinheiro Lima**, também do IFGW da Unicamp (Figura 81), responsável pela implantação do CTBE (Figura 82). Posteriormente, os programas de ciência básica e de sustentabilidade foram extintos.

Figura 81: Marco Aurélio Pinheiro Lima.

Figura 82: Laboratório Nacional de Ciência e Tecnologia do Bioetanol (CTBE).

O programa de Agricultura de Baixo Impacto objetiva reformular o modelo de manejo agrícola da cana-de-açúcar, reduzindo o custo de produção e os impactos ambientais provocados pelo tráfego intenso de máquinas. O programa embute o desenvolvimento de processos de plantio de precisão e colheita multilinhas com auxílio do plantio direto e da agricultura de precisão. Para isso, foi formulado o conceito de Estrutura de Tráfego Controlado (ETC) (Figura 83), desenvolvido por **Oscar Braunbeck**, o qual pretende substituir gradativamente as máquinas de bitola estreita usadas hoje, inclusive tratores, transbordos e colhedoras de cana, reduzindo a quantidade de solo dedicado às rodas em favor da planta.

(a)

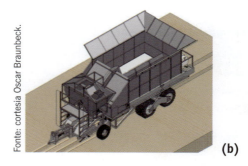
(b)

Figuras 83a e 83b: Protótipos de plantadoras para plantio direto em desenvolvimento.

---

7   Posteriormente, o CTBE foi dirigido por Carlos Labate, professor da Esalq/USP, e atualmente seu diretor é Paulo Mazzafera, professor do IB/Unicamp.

Outro projeto de grande importância em desenvolvimento no CTBE é da plantadora para plantio direto da cana-de-açúcar (Figura 84).

Figura 84: Estrutura de Tráfego Controlado (ETC).

O programa de hidrólise do CTBE, coordenado por **Carlos Vaz Rossell**, visa realizar avanços em pré-tratamento, enzimas, hidrólise e fermentação. Nas dependências do CTBE foram instaladas facilidades para a condução de experimentos em escala de laboratório e uma planta piloto para desenvolvimento de processos para a realização de experimentos em escala de 500 litros.

(a)

(b)

(c)

Figura 85: Atuais coordenadores de programas de pesquisa do CTBE: (a) Carlos Vaz Rossell, (b) Antonio Bonomi e (c) Oscar Braunbeck.

Já o programa de biorrefinaria virtual do CTBE, coordenado por **Antonio Bonomi**, permite simular diferentes cenários envolvendo os setores agrícola e industrial, separados ou de forma integrada, permitindo antecipar custos e demais impactos da rota estudada. Essa ferramenta de avaliação da sustentabilidade de diferentes rotas na cadeia produtiva da cana-de-açúcar foi apresentada e documentada no livro *Virtual Biorefinery: An Optimization Strategy for Renewable Carbon Valorization* publicado pela Editora Springer (Figura 86).

Outro projeto de destaque desenvolvido no CTBE é o **Projeto Sucre**, uma continuação do **Projeto Global Environment Facility (GEF)**, cuja primeira fase foi realizada na década de 1990 no Centro de Tecnologia Canavieira (CTC), que tem por objetivo o uso integral dos recursos da cana para a produção de eletricidade. Esse projeto é coordenado por **Manoel Regis Lima Verde Leal** (Figura 87).

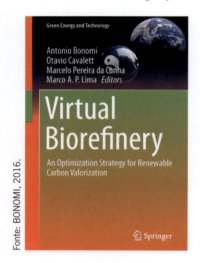

Figura 86: Novo livro sobre biorrefinaria virtual.

Figura 87: Manoel Regis Lima Verde Leal.

Criação do CETENE

O ano de 2005 também assistiu à criação do **Centro de Tecnologias Estratégicas do Nordeste (CETENE)**, uma unidade do MCTI dedicada à inovação tecnológica para o Nordeste brasileiro, com vários projetos em bioenergia: biodiesel de oleaginosas, hidrólise enzimática para a produção de etanol e produção de biogás, entre outros.

2006-2009: um *roadmap* para o etanol

Outro projeto da Fapesp coordenado por **Luís Cortez** (Figura 88), da Unicamp, de importância estratégica foi o **Projeto de Políticas Públicas em Pesquisas no Etanol (PPP-Etanol)**[8], desenvolvido nas universidades, com a parceria da **Agência Paulista de Tecnologias dos Agronegócios (APTA)**[9] e de várias instituições de pesquisa, ajudando a promover uma ampla discussão de toda a cadeia produtiva do etanol de cana-de-açúcar com pesquisadores da academia e do setor privado.

Essa pesquisa chegou a um *roadmap* tecnológico para o setor e resultou na publicação do livro *Bioetanol de cana-de-açúcar: P&D para produtividade e sustentabilidade* (Figura 89), disponível também em inglês. O livro foi o vencedor do **Prêmio Jabuti de 2011** na categoria **Ciências Naturais**, outorgado pela Câmara Brasileira do Livro e pela Associação Nacional do Livro (ANL) em 18 de outubro de 2011.

Figura 88: Luís Cortez.

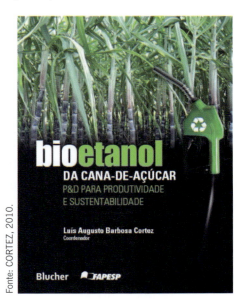

Figura 89: Livro resultante do chamado Projeto PPP-Etanol da Fapesp.

---

8   Ver <http://openaccess.blucher.com.br/article-list/sugarcane-bioethanol-1/list#articles>.
9   Fazem parte da APTA vários dos institutos de pesquisa agrícola do estado de São Paulo. Ver <www.apta.sp.gov.br/>.

2006: o Ministério da Agricultura e Abastecimento (MAPA) cria o Centro de Agroenergia da Embrapa

A nova geração de centros de pesquisa em bioenergia no Brasil, provavelmente, se inicia motivada por alguns acontecimentos do século XXI ligados ao ressurgimento do etanol, como: o "apagão" elétrico vivido em 2002, o carro *flex-fuel*, a firme entrada dos EUA nesse assunto, com o decorrente impulso dado por aquele país às pesquisas sobre o etanol de segunda geração, entendido como mais sustentável que o de primeira geração, pelo menos quando comparado ao etanol de milho e outros cereais.

No âmbito das ações federais, o **ministro Roberto Rodrigues** (Figura 90) criou em 2006 o **Centro de Agroenergia da Embrapa** (Figura 91), em Brasília. Com este novo centro a Embrapa pretendia atuar em temas como biodiesel, etanol, além do uso energético de resíduos agrícolas e florestais.

O evento Industrial Perspectives for Bioethanol, realizado pela UNIEMP e coordenado por Telma Franco, da Faculdade de Engenharia Química da Unicamp, cobriu assuntos ligados à evolução tecnológica da área industrial e às potencialidades do etanol como base para a indústria química no país.

Figura 90: Roberto Rodrigues.

Figura 91: Embrapa Agroenergia.

2007

Etanol de cana-de-açúcar: um biocombustível avançado

Em 2007, quando o etanol foi criticado pelos ambientalistas como o "culpado" pelos problemas de desmatamento da Amazônia e pelo encarecimento do custo dos alimentos, os Estados Unidos queriam provas de que o etanol brasileiro importado por eles não era o vilão da história.

O Brasil respondeu prontamente, demonstrando que a cana-de-açúcar não se expandia sobre vegetação nativa, mas principalmente em pastagem, e que o desmatamento direto não existia. Mas a Enviromental Protection Agency (EPA), responsável pela regulamentação da legislação federal de biocombustíveis dos EUA, ficou com a tarefa de calcular em quanto o etanol de cana reduzia a emissão de gases de efeito estufa (GEE), incluindo possíveis emissões referentes ao efeito indireto de uso da terra (ILUC)[10].

Em vez de apenas negar que esse efeito existia, em 2009 os usineiros brasileiros, por meio da Unica, associação da categoria, propuseram um estudo que calculasse matematicamente possíveis efeitos indiretos e respectivas emissões de GEE. O cálculo, porém, deveria se basear em informações sólidas e que representassem adequadamente a dinâmica de uso do solo no Brasil.

Coube ao **Instituto Icone**, hoje Agroicone, em conjunto com a Universidade de Iowa, desenvolver uma ferramenta matemática formada por centenas de equações, chamada **BLUM**[11], cuja sigla em inglês significa **Brazilian Land Use Model**, ou **Modelo de uso da terra para a agropecuária brasileira**.

Esse estudo, capitaneado por **André M. Nassar** (Figura 92), ex-diretor geral da **Agroicone**, com sua equipe de pesquisadores dedicados exclusivamente ao projeto por mais de um ano, mudou o panorama internacional do etanol brasileiro.

Os resultados do modelo desmistificaram o ILUC da cana-de-açúcar, o que levou a EPA a classificar o etanol de cana como "combustível avançado". Com uma redução de 61% das emissões de GEE em relação à gasolina, o etanol de cana-de-açúcar é significativamente melhor em termos ambientais que o etanol de milho (para o qual a redução é de apenas 21%). A decisão abriu para o Brasil um mercado de bilhões de litros nos EUA e funcionou como um selo de garantia nos demais países.

Figura 92: André M. Nassar.

---

10 ILUC é a sigla em inglês para "mudança de uso do solo indireta", *indirect land use change*. Já LUC é a sigla em inglês para "mudança de uso do solo", *land use change*. Mudar o uso do solo significa converter uma cobertura em outra, causando mudanças de uso para, por exemplo, implantar culturas agrícolas. A mudança de uso indireta é um fenômeno criado quando a mudança de uso em uma região causa mudança de uso em outra.

11 O BLUM é um modelo econômico dinâmico de equilíbrio parcial, multirregional e multimercados do setor agropecuário brasileiro, capaz de mensurar a mudança no uso da terra e estimar a expansão das principais atividades do setor no longo prazo. O BLUM tem sido usado como ferramenta para análise e formulação de políticas públicas no Brasil e internacionalmente.

O ônibus a etanol começa a rodar em São Paulo

Começou a circular em 2007 na cidade de São Paulo[12] o primeiro ônibus a etanol (Figura 93) por meio do projeto **BioEthanol for Sustainable Transport (BEST)**[13], ou **Bioetanol para o Transporte Sustentável**, coordenado por **José Roberto Moreira,** do CENBIO/USP (Figura 94). A missão do projeto é sensibilizar o mundo sobre a importância do uso do etanol no transporte público, que reduz em até 90% a emissão de material particulado lançado na atmosfera[14]. O projeto BEST contou com financiamento da União Europeia e teve como parceiros: SCANIA do Brasil, Unica, Copersucar, Empresa Metropolitana de Transportes Urbanos de São Paulo (EMTU/SP), BR Distribuidora, Programa Nacional da Racionalização do Uso dos Derivados de Petróleo e do Gás Natural (CONPET – Petrobras), SEKAB Group, Marcopolo e São Paulo Transporte (SPTrans).

Figura 93: Ônibus a etanol em São Paulo.

Figura 94: José Roberto Moreira.

Essa ação reveste-se da maior importância, dada a dificuldade de introdução do etanol em motores de maior porte, como é o caso dos motores diesel. Note-se que mesmo os caminhões utilizados no transporte de cana para as usinas, assim como os caminhões que transportam etanol das usinas para a refinaria e para os postos, não funcionam com o etanol combustível.

---

12 Cidades europeias como Estocolmo, na Suécia, e Madri, na Espanha, possuem ônibus operando com etanol (BNDES, 2008).
13 Ver <http://143.107.4.241/projetos/best.htm>.
14 Ver <http://www.saopaulo.sp.gov.br/spnoticias/lenoticia.php?id=90442>.

O pré-sal e a mudança da política energética no Brasil

No final de 2007, a Petrobras anunciou ter encontrado petróleo no pré-sal. Esse fato criou um clima de grande otimismo junto aos técnicos da empresa, influenciando o governo federal a definir uma estratégia que priorizasse pesados investimentos na exploração do petróleo do pré-sal. Segundo estimativas, o país passaria do patamar de produção de petróleo de 2 milhões de barris/dia para 4 milhões de barris/dia até 2020. O clima de otimismo em relação à exploração de petróleo do pré-sal fez o governo federal considerar o petróleo como a prioridade de investimentos na área energética.

2008

Publicação de artigo sobre a produção e uso de etanol e as emissões de GEE

O grupo de pesquisa de Isaías Macedo, do Núcleo Interdisciplinar de Planejamento Energético da Unicamp (Nipe/Unicamp), publicou na *Biomass & Bioenergy* um importante artigo científico com o objetivo de elucidar questões sobre as emissões de GEE e a produção e o uso do etanol de cana-de-açúcar no Brasil (Figura 95). Essas pesquisas se revelariam fundamentais para a Environmental Protection Agency (EPA), dos EUA, considerar o etanol de cana um "combustível avançado".

Figura 95: Artigo científico sobre as emissões de GEE do etanol de cana-de-açúcar.

Criação do Programa de Pesquisas em Bioenergia (BIOEN) pela Fapesp

Reconhecendo a importância do etanol como combustível renovável e da participação do estado de São Paulo no setor sucroalcooleiro, a Fundação de Amparo à Pesquisa do Estado de São Paulo (Fapesp) decidiu lançar um programa específico para pesquisas em bioenergia (BIOEN), tendo o etanol de cana-de-açúcar como tema de relevo, mas não focado apenas nessa opção. O BIOEN (Figura 96) foi concebido para aumentar a base científica e a massa crítica de pesquisadores a fim de preparar o país para saltos tecnológicos em bioenergia, utilizando laboratórios acadêmicos e industriais. O Programa BIOEN visa estimular pesquisas sobre biomassa, processos para a fabricação de biocombustíveis, refinarias e alcoolquímica, motores movidos a bionergia e pesquisas sobre os impactos sociais, econômicos e ambientais relacionados ao desenvolvimento desse setor. O BIOEN estimula parcerias entre entidades brasileiras, indústrias e centros de pesquisa internacionais para a produção de ciência de classe mundial em bioenergia.

O idealizador do Programa BIOEN e grande entusiasta do assunto foi Carlos Henrique de Brito Cruz, diretor científico da Fapesp (Figura 97).

Figura 96: Programa BIOEN, da Fapesp.

Figura 97: Carlos Henrique de Brito Cruz.

Criado em 2008, o **Programa Fapesp de Pesquisa em Bioenergia (BIOEN)** tem como objetivo integrar estudos abrangentes sobre cana-de-açúcar e outras plantas que podem ser utilizadas como fontes de biocombustíveis, garantindo, assim, a posição do Brasil entre os líderes em pesquisas em bioenergia.

Os temas de pesquisa incluem desde a geração e processamento de biomassa até a produção de biocombustíveis e sustentabilidade. O Programa BIOEN é construído sobre um sólido núcleo de pesquisa acadêmica. Espera-se que sejam gerados novos conhecimentos, essenciais para o avanço da capacidade industrial em tecnologias relacionadas aos biocombustíveis.

O BIOEN está organizado em cinco divisões: Biomassa, Tecnologias de Biocombustíveis, Biorrefinarias, Motores, e Impactos e Sustentabilidade. Mais de trezentos pesquisadores participam das atividades do BIOEN, contando com recursos da somatória de 200 milhões de dólares. O BIOEN está cada vez mais multidisciplinar, incluindo projetos de vinte grandes áreas da Fapesp. Isso destaca a ampla gama de questões abordadas pelo programa.

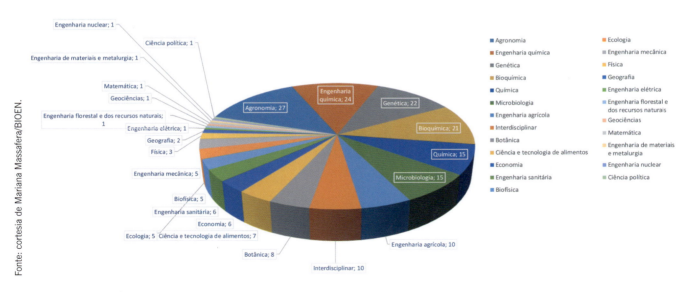

Figura 98: Projetos BIOEN por área do conhecimento.

Desde 2008, o BIOEN tem gerado um elevado número de publicações científicas, teses e dissertações com contribuições importantes para o avanço da ciência e da indústria. Isso representa um passo importante na geração de recursos humanos para aumentar o potencial e o número de profissionais qualificados que trabalham nesse campo.

A expansão sustentável da utilização e produção de bioenergia no mundo requer a consideração de questões transversais complexas, tais como segurança energética, segurança ambiental, segurança alimentar, bem como inovação. Nesse sentido, o BIOEN organiza atividades conjuntas com os programas da Fapesp **Biota e Mudanças Climáticas**, para enfrentar esses desafios por meio de uma abordagem transdisciplinar. As interações trazidas por essas ações colaborativas têm o potencial de produzir recomendações políticas, melhorando o impacto do conhecimento científico gerado. Dois exemplos de atividades integradas entre BIOEN/Biota/Mudanças Climáticas incluem a organização de um seminário conjunto na Rio+20 e a produção de um relatório global sobre Bioenergia e Sustentabilidade, realizado sob a égide do SCOPE, o Scientific Committee on Problems of the Environment.

Figura 99: Quantidade de auxílios à pesquisa/bolsas iniciados por ano.

Tabela 5: Financiamento Fapesp-BIOEN em números.

Financiamento Fapesp-BIOEN em números	
Projetos de pesquisa em andamento	40
Projetos de pesquisa finalizadas	109
Bolsas no Brasil em andamento	63
Bolsas no Brasil finalizadas	283
Bolsas no exterior em andamento	3
Bolsas no exterior finalizadas	15
Total de projetos de pesquisa e bolsas	513

O programa inclui parcerias com a indústria para atividades de P&D em cooperação com laboratórios acadêmicos e industriais, e os temas de investigação são especificados de acordo com o interesse dos parceiros privados e do compromisso da Fapesp com o fomento à pesquisa de alta qualidade. Outras agências de financiamento no Brasil e no exterior participam do programa por meio de parcerias.

O Programa BIOEN consolidou a comunidade em uma rede ativa de especialistas que lideram 149 projetos de pesquisa em quinze instituições no estado de São Paulo, em colaboração com outras instituições no Brasil e em dezessete países. Pesquisadores BIOEN participam do Instituto Nacional de Ciência e Tecnologia do Bioetanol (INCT do Bioetanol) e do projeto **Centro de Processos Biológicos e Industriais para Biocombustíveis** (CeProBIO/SUNLIBB) financiado pela Comissão Europeia, pelo CNPq e pelas Fundações de Apoio à Pesquisa. A internacionalização das redes de pesquisa BIOEN pode ser considerada um resultado importante do programa, criando oportunidades para intercâmbio de estudantes nos dois sentidos e trazendo cientistas do exterior para trabalhar em temas de interesse para o desenvolvimento da bioenergia no Brasil.

Tabela 6: Países parceiros BIOEN.

Alemanha	Colômbia	Guatemala
Austrália	Dinamarca	Holanda
Belarus	Espanha	Portugal
Bélgica	EUA	Reino Unido
Canadá	Finlândia	Suíça
China	França	

Um desenvolvimento recente foi a criação do Centro Paulista de Pesquisa em Bioenergia (SPBioenRC), financiado pelo governo do estado de São Paulo, pela Fapesp e pelas três universidades estaduais (USP, Unicamp e Unesp). O Centro vai consolidar os esforços e criar instalações de pesquisa para a comunidade, bem como contratar novos pesquisadores para ampliação da capacidade e expansão dos temas de investigação. Um Programa Internacional de Pós-Graduação em Bioenergia, liderado pelas três universidades estaduais, foi criado e continuará a contribuir para os esforços de educação nessa área.

Tabela 7: Parcerias BIOEN.

Empresa	Área de cooperação
Oxiteno	Materiais lignocelulósicos
Braskem	Alcoolquímica
Dedini	Processos
ETH	Práticas agrícolas
Microsoft	Desenvolvimento computacional
Vale	Tecnologias do etanol
Boeing	Biocombustíveis para aviação
BP	Processos e sustentabilidade
PSA	Motores
BE-Basic	Biologia sintética, Tecnologias de biocombustíveis, Sustentabilidade
BBSRC	Bioenergia
UKRC	Bioenergia
Oak Ridge National Laboratories	Sustentabilidade

Finalmente, esforços de pesquisa com uma interface clara com a indústria, em assuntos como fermentação, descoberta de enzimas e processos para etanol de segunda geração, entre outros, têm produzido conhecimentos relevantes, documentados em artigos, além de algumas patentes. O mesmo se aplica aos cientistas que trabalham com ciência básica ligada ao melhoramento de plantas e a produção de novas variedades de cana-de-açúcar, entre várias outras áreas. Nesse estágio, os cientistas envolvidos devem ser estimulados a trabalhar no sentido da aplicação prática de suas descobertas. O retorno da indústria também pode ser útil para a comunidade científica a fim de, eventualmente, redirecionar sua atenção para temas que podem ter sido negligenciados. Para isso, a coordenação do BIOEN planeja *workshops* e encontros que colocam em contato cientistas e membros-chave do setor industrial para fortalecer o diálogo e promover novas colaborações.

É importante mencionar que, depois de seus primeiros cinco anos de atividades, o Programa BIOEN, com o seu apoio a projetos de pesquisa, projetos em colaboração envolvendo as universidades estaduais de São Paulo, centros de pesquisa e empresas, o seu papel na organização de *workshops* nacionais e internacionais e sua forte interação com outros programas de pesquisa criados e apoiados pela Fapesp (Biota e Mudanças Climáticas, por exemplo), tornou possível identificar pontos específicos e áreas de conhecimento que podem merecer uma atenção especial. Além disso, a avaliação dos resultados do programa permitiu definir novos temas de pesquisa necessários para colocar o estado de São Paulo em uma posição de destaque em matéria de pesquisa e transferência de tecnologia para a produção de biocombustíveis e produtos químicos de base biológica. Além de resultados de fácil medida, como o número de projetos de pesquisa, número de teses e dissertações, artigos científicos e patentes, a definição de áreas com necessidade de consolidação, bem como de novos temas estratégicos, é por si só um resultado valioso para orientar as ações futuras.

Destaques do Programa BIOEN
Excelente resposta da comunidade científica de São Paulo: 149 projetos e 364 bolsas de estudo apoiado e mais de 300 pesquisadores envolvidos
Ampla área de ação: praticamente todos os campos de bioenergia
Expansão da comunidade científica que trabalha em bioenergia em São Paulo
Parceria com a indústria: parte do esforço de pesquisa pode ser diretamente transformado em desenvolvimento tecnológico
Cooperação internacional intensa: muitas possibilidades de formação de cientistas e estudantes brasileiros, mas também trazendo cientistas do exterior para trabalhar em temas relacionados com a cana
Produção científica significativa: mais de 750 artigos e 173 dissertações e teses
O BIOEN foi fundamental para a criação do Centro Paulista de Pesquisa em Bioenergia (SPBioenRC)
Integração de cientistas de diferentes áreas é estimulada por meio de reuniões multidisciplinares: ser parte do BIOEN é valorizado pela comunidade
Mix de ciência básica e aplicada: ajudar a resolver os problemas de hoje e gerar conhecimento para amanhã
Geração de conhecimentos necessários para orientar a definição de subáreas da bioenergia não totalmente contempladas, e para atrair novos cientistas e estudantes
Desenvolvimento de uma rede que estimula o desenvolvimento tecnológico e a aplicação do conhecimento científico produzido

Prioridades de investigação podem ser definidas em relação a diferentes impactos (na formação de recursos humanos, desenvolvimento de processos, social etc.), o que traz a necessidade de realizar amplas discussões com diferentes representantes da sociedade, incluindo universidades, empresas e setores governamentais, para estabelecer direções consistentes para o programa. O Programa BIOEN, juntamente com o Biota e o Mudanças Climáticas, pode proporcionar orientações úteis para que a Fapesp possa atuar como um organismo determinante na elaboração de ações efetivas para o desenvolvimento do estado de São Paulo.

Cada uma das divisões do programa (**Biomassa**, **Biorrefinarias**, **Tecnologias de Biocombustíveis**, **Motores**, **Sustentabilidade** e **Impactos**) está agora bem estabelecida e madura o suficiente para acomodar novos desafios. A análise de programas de pesquisa em bioenergia e renováveis existentes ao redor do mundo nos permite concluir que o BIOEN representa uma iniciativa de destaque, que compreende diversas áreas, bastante coeso e que trabalha de maneira colaborativa.

A coordenação do BIOEN está a cargo de **Gláucia Mendes Souza** (IQ/USP), **Heitor Cantarella** (IAC/APTA), **Rubens Maciel Filho** (FEQ/Unicamp), **Marie-Anne van Sluys** (IB/USP) (Figura 100) e André Nassar (Agroícone). O grupo já contou também com a participação de Marcos Buckeridge (IB/USP) e Anete Pereira de Souza (CBMEG/Unicamp).

Figura 100: Fotos dos atuais coordenadores do Programa de Bioenergia da Fapesp – BIOEN: (a) Gláucia Mendes Souza, (b) Rubens Maciel Filho, (c) Heitor Cantarella e (d) Marie-Anne van Sluys.

A Fapesp tem igualmente implementado projetos conjuntos com a indústria, levando a um aumento do orçamento para pesquisa de bioenergia no Brasil. Três parcerias podem ser destacadas: a) **Dedini:** 50 milhões de dólares em processos de produção de etanol; b) **Braskem:** 25 milhões de dólares em alcoolquímica; e c) **Oxiteno:** 3 milhões de dólares em materiais provenientes de fontes lignocelulósicas.

Mais recentemente, foi acordada uma cooperação com o programa de pesquisa holandês **BE-Basic** para pesquisa em biologia sintética e produção de compostos químicos derivados de biomassa, além de estudos da sustentabilidade da indústria de biocombustíveis e derivados.

O início do Instituto Nacional de Ciência e Tecnologia (INCT) do Bioetanol

Um grupo de pesquisadores reuniu-se em Piracicaba para discutir as possíveis rotas para o etanol celulósico. Com base nessa discussão, foi consolidado um documento que aponta as rotas para a pesquisa em biomassa com focos em fisiologia genética e parede celular da cana, produção, caracterização e análise estrutural de enzimas. Foi a partir desse grupo que surgiram os projetos temáticos e de auxílio à pesquisa e que formaram a primeira fase do Programa de Bioenergia da Fapesp (BIOEN) e do INCT do Bioetanol.

Aprovado em 2008, começou a funcionar em 2009 o **Instituto Nacional de Ciência e Tecnologia do Bioetanol (INCT do Bioetanol)**, coordenado por **Marcos Silveira Buckeridge** (Figura 102). Contando com 33 laboratórios em seis estados brasileiros, o INCT adquiriu e instalou vários equipamentos de grande porte em uma estratégia desenhada para dar suporte à pesquisa em bioenergia em todo o país. Com os equipamentos instalados e o financiamento com bolsas e consumíveis para os laboratórios, a ciência da cana começou gradativamente a avançar.

Figura 101: Grupo de pesquisadores que deram início ao INCT do Bioetanol em 2008.

Figura 102: Marcos Silveira Buckeridge.

Em Brasília, Ribeirão Preto, São Carlos e São Paulo pesquisadores conseguiram detectar e caracterizar mais de setenta novas enzimas de micro-organismos da biodiversidade brasileira. Em conjunto, essas enzimas são fortes candidatas a compor coquetéis enzimáticos montados com tecnologia nacional.

Essas ações multi e interdisciplinares do INCT do Bioetanol levaram o Brasil a multiplicar o número de pesquisadores atuando em bioenergia no país, a formar laços de colaboração internacional sólidos e produtivos e a aumentar, vertiginosamente, o conhecimento científico sobre a cana-de-açúcar e enzimas de micro-organismos. Assim, o INCT do Biotanol contribuiu pesadamente para fazer o país avançar, fazendo com que hoje a pesquisa em bioenergia no país possa se comparar com as das regiões mais avançadas do planeta na área.

2009

O álcool passa a se chamar "etanol"

A Resolução n. 39 da **Agência Nacional de Petróleo, Gás Natural e Bicombustíveis (ANP)** obrigou os postos a venderem álcool com o nome de etanol[15]. Neste livro, propositalmente se tentou usar o termo "álcool" até o ano de 2009 e "etanol" a partir de então. Segundo alguns técnicos do setor, o uso do termo etanol tinha o objetivo de diferenciar o combustível do álcool farmacêutico.

"Plene", uma nova maneira de plantar cana

Antonio Carlos Nascimento, da empresa Syngenta, desenvolveu uma alternativa ao plantio de cana com toletes, propondo o "plene". A tecnologia desenvolvida pela Syngenta possui caule de apenas quatro centímetros, tratado contra doenças e pragas, e propõe reduzir em cerca de 80% o peso necessário para o plantio. "Bastam apenas duas toneladas de colmo por hectare", diz um produtor. "No plantio convencional, o tolete de colmo mede 40 centímetros e são necessárias pelo menos 12 toneladas por hectare." Espera-se que inovações como esta possibilitem otimizar o uso do solo, reduzir os custos de produção, além de melhorar os indicadores de sustentabilidade.

---

15   Ver <http://economia.estadao.com.br/noticias/geral,anp-obriga-postos-a-trocar-nome-alcool-por-etanol,480554>.

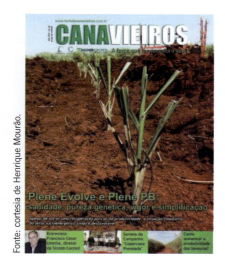

Figura 103: Syngenta desenvolve o "plene".

A criação do Centro Paulista de Bioenergia (SPBioenRC)

Outra ação da mais alta relevância em bioenergia no Brasil é o **Centro Paulista de Pesquisa em Bioenergia (SPBioenRC)** (Figura 104). Este centro é fruto de um acordo assinado em 2009 entre a Fapesp e as três universidades públicas do estado de São Paulo (USP, Unicamp e Unesp). O centro partiu de uma dotação de 55 milhões de dólares para infraestrutura, financiada pelo governo do estado de São Paulo. A contrapartida das universidades se materializou nas contratações de docentes, já tendo sido contratados dezoito pesquisadores. Destaque-se aqui a importância da atuação dos novos contratados na condução da pesquisa em bioenergia, cujo financiamento é a contrapartida oferecida pela Fapesp.

Figura 104: Centro Paulista de Pesquisa em Bioenergia.

Essa ação do SPBioenRC foi complementada pelas três universidades paulistas (USP, Unicamp e Unesp) por meio da criação do **Programa Integrado de Pós-Graduação em Bioenergia**, iniciado em 2013 e desenhado, desde o seu início, para oferecer disciplinas em inglês e ter uma alta participação de alunos estrangeiros e universidades do exterior como parceiras. Os coordenadores do programa são: **Carlos Labate**, pela USP, **Andreas Gombert**, pela Unicamp e **Nelson Ramos Stradiotto**, pela Unesp. A coordenação do programa se dá em forma de rodízio e hoje está sob a responsabilidade da USP. Os novos docentes contratados pelas universidades já orientam no novo programa de doutorado, que conta com cerca de 50 alunos.

 (a)  (b)  (c)

Figura 105: Fotos dos atuais coordenadores do Programa Integrado de Pós-Graduação em Bioenergia: (a) Carlos Labate, da USP, (b) Andreas Gombert, da Unicamp e (c) Nelson Stradiotto, da Unesp.

Fim dos anos 2000: proposta a integração 1G com 2G

No final dos anos 2000, foi proposta a integração do processo de etanol de primeira geração com possíveis rotas de segunda geração por via bioquímica e termoquímica com o uso do CO_2 da fermentação e com a cogeração de energia, conforme esquema a seguir. O processo possibilita uso integral da cana-de-açúcar com emissão zero de CO_2 e de outras correntes consideradas resíduos do processo de produção do etanol, levando-as a serem utilizadas como matérias-primas para outros produtos. Dias et al. (2011a, b; 2012b; 2013a, 2013b; 2015) e Cavalett (2012), usando simulação computacional, avaliaram a viabilidade e o potencial tecnológico e econômico das possíveis formas de integração, considerando inclusive aspectos de sustentabilidade.

Com o intuito de reduzir os custos do processo de produção de etanol, principalmente no que se refere à separação/concentração do etanol, foram investigados, mais rigorosamente, processos de separação, convencionais e alternativos (Junqueira et al., 2012). Com a possibilidade de utilização das frações da hidrólise do bagaço e a palha da cana-de-açúcar, pesquisou-se a viabilidade da produção de butanol, juntamente com o etanol (processo ABE), que pode ser uma opção interessante para aumentar a quantidade de combustível produzida (Mariano et al., 2012).

Figura 106: Hidrolisado obtido do pré-tratamento do bagaço.

2010

Biocombustíveis de 3G

O estudo dos chamados biocombustíveis 3G, com a produção de algas utilizando CO_2, é conduzido por Telma Franco da Unicamp.

A frota de carros *flex* alcança 10 milhões de veículos

Em 2010, cerca de 88% dos carros novos vendidos já eram *flex* (Anfavea, 2010).

Figura 107: Telma Franco.

Figura 108: Centro de Pesquisas Leopoldo Américo Miguel de Mello (CENPES) da Petrobras.

A entrada da Petrobras nas pesquisas em etanol de segunda geração

Em 2010 foi criada a nova empresa **Petrobras Biocombustíveis**. Têm início pesquisas na área do etanol celulósico e também do biodiesel no **Centro de Pesquisas e Desenvolvimento Leopoldo Américo Miguez de Mello CENPES**.

Por meio do CENPES, a Petrobras também continua desenvolvendo pesquisas em etanol celulósico, associando universidades, empresas nacionais e estrangeiras detentoras de *know-how*, sobretudo na área da produção das enzimas. A Dedini também tem trabalhado com várias empresas nacionais e estrangeiras, dando continuidade às pesquisas em hidrólise enzimática.

Pelos esforços realizados no Brasil no campo da pesquisa em hidrólise para a obtenção de etanol celulósico, conhecido como **etanol de segunda geração**, sabe-se hoje que o problema é complexo e reveste-se de uma necessidade de pesquisa básica de alta qualidade para que se entenda melhor a desconstrução da fibra de cana e a produção de enzimas eficientes e suficientemente robustas para operar em um ambiente industrial. Sabe-se também que, dadas as características altamente propícias de disponibilidade de fibra e de utilidades, o ambiente das usinas hoje existente é considerado muito adequado para seu sucesso. É importante ressaltar que, além do etanol combustível, a tecnologia de hidrólise permitirá às usinas construírem um novo mercado de polímeros verdes com alto valor agregado e grande potencial comercial nas próximas décadas.

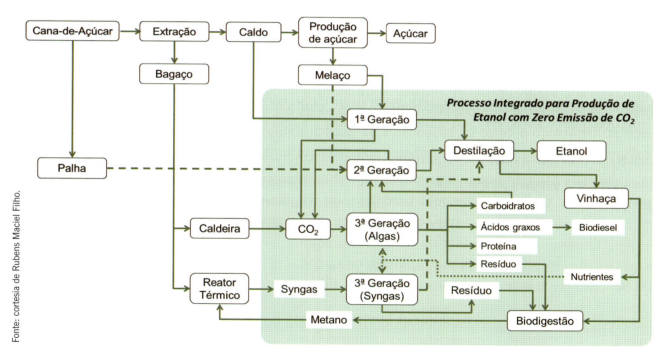

Figura 109: Processo Integrado para Produção de Etanol de 1ª e 2ª Gerações e Produtos Químicos com Emissão Zero de CO_2 – Projeto temático Fapesp/BIOEN, coordenado por Rubens Maciel Fiho.

A empresa **Vale** também buscou fomentar pesquisas na área de bioenergia, apoiando em ações conjuntas com a Fapesp projetos, por exemplo, na área de novos fertilizantes, essencial e estratégica para a produção de energia de biomassa. A Vale criou a empresa **Vale Soluções em Energia (VSE)**[16], em associação com o **BNDES** e a **Sygma**, em São José dos Campos, para realizar P&D em energia. Dentre os projetos destacou-se o de geração de energia elétrica a partir do etanol.

Classificação do bagaço pode ajudar tecnologia de etanol 2G

Fisicamente, o bagaço é um material polidisperso (grande variação de tamanho, forma e massa) e também de composição variada, contendo lignina, celulose e hemicelulose. Acreditando que sua separação em frações física e quimicamente mais homogêneas traria benefícios principalmente para a hidrólise, em 2010 foi desenvolvido um classificador pneumático de bagaço (Figura 110) pelo grupo de **Luís Cortez**, da Faculdade de Engenharia Agrícola da Unicamp, em cooperação com **Guilhermo A. Roca**, da **Universidad de Oriente**, de Cuba. Participaram dessas pesquisas **Eduardo Almeida** e **Edgardo Olivares Gómez** (Gómez et al., 2012; Roca et al., 2013).

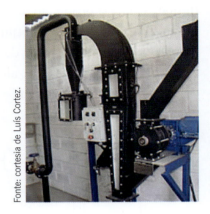

Figura 110: Classificador pneumático de bagaço.

Os resultados dos testes revelaram a grande capacidade do equipamento para a separação do bagaço em frações mais homogêneas, representando um grande avanço no que diz respeito à sua manipulação por parte da indústria. Faltava avaliar a obtenção do etanol 2G a partir das frações, sendo tais experimentos conduzidos no ano de 2012 por **Maria Aparecida Silva**, da Faculdade de Engenharia Química da Unicamp. Tais experimentos mostraram que uma das frações separadas, a que apresentou menor diâmetro médio de partícula e aproximadamente 35% da massa total do bagaço à umidade de equilíbrio, alcançou maior rendimento de conversão de celulose a glicose e próximo do bagaço quando submetido a outros pré-tratamentos mais onerosos (Almeida et al., 2013). Desse modo, a classificação pneumática de bagaço pode vir a ser uma alternativa muito interessante para o pré-tratamento físico de tal biomassa, visando principalmente à viabilidade econômica do processo de hidrólise. Atualmente, os estudos acerca do classificador pneumático continuam, mas por meio de simulação computacional fluidodinâmica, procurando a melhor configuração do equipamento que possibilite um aumento na eficiência de separação das partículas.

---

16 Ver <https://pt.wikipedia.org/wiki/Vale_Solu%C3%A7%C3%B5es_em_Energia>.

Criação do IPBEN-Unesp

A criação do Instituto de Pesquisa em Bioenergia da Universidade Estadual Paulista "Julio de Mesquita Filho", em 2011, visou ao desenvolvimento de pesquisa e inovação em bioenergia envolvendo diversos aspectos básicos e aplicados, como pode ser visto no *e-book* intitulado *Bioenergia: Desenvolvimento, pesquisa e inovação*, publicado pela Editora Unesp.

2011

Plano Conjunto BNDES-Finep de Apoio à Inovação Tecnológica Industrial dos Setores Sucroenergético e Sucroquímico (PAISS)

O **Plano Conjunto BNDES-Finep de Apoio à Inovação Tecnológica Industrial dos Setores Sucroenergético e Sucroquímico (PAISS)** foi criado com o objetivo de selecionar planos de negócios e fomento a projetos que contemplem o desenvolvimento, a produção e a comercialização de novas tecnologias industriais destinadas ao processamento da biomassa oriunda da cana-de-açúcar, com a finalidade de organizar a entrada de pedidos de apoio financeiro no âmbito das duas instituições e permitir uma maior coordenação das ações de fomento e melhor integração dos instrumentos de apoio financeiro disponíveis.

O **Projeto Granbio**, iniciado em 2011, é um empreendimento composto por três empresas, a BioCelere, a BioVertis e a BioEdge, que integram toda a cadeia de valor para produção de biocombustíveis e bioquímicos de segunda geração. A empresa é controlada pela família Gradin e tem a participação societária do BNDES. Tem como CEO o empresário **Bernardo Gradin** e como cientista-chefe **Gonçalo Pereira** (Unicamp). Na área de biomassa, a empresa desenvolve variedades de **cana energia** (Figura 111a) a partir de uma estação experimental em Alagoas e deverá lançar a sua primeira variedade (Vertix®) em 2016.

Na área de biologia sintética, a empresa desenvolveu e regulamentou a primeira levedura transgênica (Celere 2L®), utilizando como base genética leveduras robustas usadas pelas usinas de primeira geração e que tiveram os seus genomas investigados em projetos financiados pela Fapesp. Na área industrial, a empresa construiu a usina **BioFlex 1** em São Miguel dos Campos, Alagoas, com apoio do PAISS. Foi a primeira fábrica de etanol celulósico instalada no hemisfério sul, tendo sido projetada para produzir 82 milhões de litros de etanol/ano (Figura 111b).

Figura 111a: Cana energia desenvolvida no projeto Granbio.

Figura 111b: Projeto Granbio, primeira planta de etanol celulósico do Brasil.

A tecnologia de pré-tratamento é a PROESA®, da Biochemtex (subsidiária do grupo italiano Mossi & Ghisolfi, a Biochemtex tem um acordo para fornecimento de equipamentos críticos para a planta de etanol celulósico). Além disso, a BioFlex tem parceria com as empresas DSM (empresa holandesa que fornece leveduras industriais para fermentação do etanol celulósico), Novozymes (multinacional dinamarquesa que é a fornecedora de enzimas para a hidrólise de celulose) e Grupo Carlos Lyra (tradicional produtor de etanol de primeira geração). O Projeto GranBio tem parceria tecnológica com a American Process, Ridesa, IAC, Senai, Unicamp e USP e conta com apoio financeiro do BNDES, Finep, Banco do Nordeste, CNPq e Fapesp.

Outra pioneira da produção de etanol celulósico no Brasil é a empresa **Raízen**, sediada na cidade de Piracicaba, que pretende até mesmo vender etanol celulósico[17]. A Raízen investiu 237 milhões de reais em pesquisa, desenvolvimento e infraestrutura, e foi a primeira empresa a integrar em nível industrial a produção do etanol de primeira geração e segunda gerações em uma mesma usina, a **Usina Costa Pinto**, em Piracicaba.

Bioprodutos químicos, alcoolquímica, sucroquímica, biologia sintética

Nos últimos anos, as políticas públicas de redução de gases do efeito estufa têm gerado uma demanda crescente de compostos químicos derivados de biomassa que possam substituir os petroquímicos. O Brasil já tinha tradição na produção de produtos químicos a partir de etanol (alcoolquímica) com boa estrutura operacional nos anos 1980, mas descontinuada nos anos 1990. À produção de bioetanol de cana, que já apresenta um ciclo de vida bastante favorável em relação à redução de emissões de GHG (cerca de 80%), podemos associar ainda outros compostos, reduzindo ainda mais a emissão de CO_2 e aumentando o valor agregado da indústria. A partir de etanol e do açúcar muitos compostos podem ser produzidos, por meio de síntese química e oxidação parcial de carboidratos como polímeros, álcoois, cetonas e nutracêuticos. Um exemplo de sucesso da rota química em escala é o **plástico verde**, desenvolvido pela empresa Braskem. Lançado em julho de 2007, o polietileno verde da Braskem[18] foi o primeiro do mundo a ser feito 100% a partir de fontes renováveis.

---

17 Ver <www.raizen.com.br/energia-do-futuro-tecnologia-em-energia-renovavel/etanol-de-segunda-geracao>.
18 Segundo alguns especialistas, eteno de etanol foi produzido no Brasil desde os anos 1960 na Baixada Santista, pela Cia. Brasileira de Estireno, em processo isotérmico em batelada. A Braskem o faz em processo adiabático contínuo, cuja escala reduz custos. Entretanto, o mercado não paga mais pelo plástico verde, e os preços cadentes de gás natural tornam o plástico verde menos competitivo nos próximos anos.

Em 2010, a Braskem inaugurou sua primeira planta de **etileno verde** e assumiu a liderança mundial na produção de biopolímeros. Para cada tonelada de polietileno verde produzido são capturadas e fixadas até 2,5 toneladas de CO_2 da atmosfera. A empresa também desenvolve uma gama variada de tipos de polipropileno de alta densidade (PEAD) e de baixa densidade linear (PEBDL), para atender à crescente demanda por produtos cada vez mais sustentáveis.

Além da rota química, o setor de químicos renováveis lida também com a perspectiva de produção de novos compostos e biocombustíveis via rota biológica, denominada biologia sintética. A biologia sintética se dedica à construção de novos componentes e sistemas biológicos ou do redesenho de sistemas naturais, usando partes moldadas pelo processo evolutivo para construir sistemas artificiais que realizam novas tarefas, como a produção de plásticos, gasolina e bioquerosene, por exemplo. Neste sentido, há uma iniciativa importante da Amyris, empresa californiana que abriu uma subsidiária no Brasil, para a produção de novos biocombustíveis a partir da sacarose de cana-de-açúcar, como biodiesel e querosene de aviação (Amyris, 2008).

A primeira missão da Amyris foi desenvolver a tecnologia necessária para a produção de um medicamento contra a malária, a artemisina, em micro-organismos. A plataforma industrial desenvolvida foi aplicada para a evolução de leveduras com a capacidade de produção de gasolina e querosene e escalonamento do processo de produção de farnesenos[19]. No entanto, tem havido dificuldades envolvendo a produção em maior escala e a correspondente comercialização dessas alternativas.

2013: o etanol começa a ser transportado em álcooldutos

O primeiro álcoolduto brasileiro ligando vários estados está sendo construído pela empresa **Logum Logística**, criada pela Petrobras em parceria com Cosan, Copersucar, Odebrecht, Camargo Corrêa e Uniduto.

Segundo o jornal *Folha de S. Paulo* de 27 de junho de 2013, a Petrobras iniciou em 25 de junho de 2013 as transferências de etanol hidratado por meio do duto que liga Ribeirão Preto (a 313 quilômetros de São Paulo) a Paulínia (a 117 quilômetros de São Paulo). Desde o início de 2015, está em operação o trecho ligando Uberaba à Ribeirão Preto. O projeto da **Logum** é "um sistema logístico multimodal", que inclui também transporte hidroviário.

---

19   No Brasil, a empresa Amyris está mais interessada em produtos de maior valor agregado do que combustíveis. Também a empresa Solazyme, de origem norte-americana e instalada em São Paulo, faz P&D em biocombustíveis para a aviação.

O objetivo é ligar as regiões produtoras de etanol dos estados de São Paulo, Minas Gerais, Goiás e Mato Grosso do Sul ao principal ponto de armazenamento de distribuição, em Paulínia. Quando finalizado, o álcoolduto terá capacidade de transporte de até 21 milhões de m³ de etanol por ano e de armazenamento de mais de 800 milhões de litros do combustível. Na construção do sistema, que faz parte do PAC, serão investidos 7 bilhões de reais (Figura 112).

Figura 112: Primeiro alcoolduto que está sendo construído por um consórcio de empresas incluindo a Petrobras e empresas do setor sucroalcooleiro.

Promovendo o setor sucroalcooleiro

Ações da União da Indústria de Cana-de-Açúcar (Unica)

Lançado pela **Unica**, a maior organização representativa do setor de açúcar e bioetanol do Brasil, em 2007 e realizado a cada dois anos, o **Ethanol Summit** é um dos principais eventos do mundo voltados para as energias renováveis, particularmente o etanol e os produtos derivados da cana-de-açúcar.

O Ethanol Summit reúne representantes destacados da indústria, academia e diferentes esferas governamentais de todos os continentes que convergem no Brasil para discutir os aspectos conjunturais e estratégicos do setor sucroalcooleiro no Brasil.

Fonte: cortesia da Unica.

UNICA
UNIÃO DA INDÚSTRIA DE CANA-DE-AÇÚCAR
ETANOL • AÇÚCAR • ENERGIA SÃO PAULO • BRASIL

Figura 113: União da Indústria de Cana-de-Açúcar (Unica).

O Ethanol Summit ofereceu até 2014 o **Prêmio Top Ethanol**, que tinha como objetivo distinguir trabalhos e seus autores, nas modalidades jornalismo e trabalhos acadêmicos, em temas relativos à agroenergia e meio ambiente, bem como personalidades que tenham contribuído de forma acentuada para o setor.

Outra ação relevante da Unica com a APEX é o site www.sugarcane.org para difusão do etanol e em particular da experiência brasileira.

Ações da Datagro

A **Datagro**, conhecida empresa de consultoria no setor sucroalcooleiro, fundada em 1984 por **Plínio Nastari** (Figura 114), atua em mais de quarenta países e possui uma base de dados que permite antecipar mercados futuros e a tomada de decisões sobre investimentos. Para tanto, a Datagro possui uma ação bastante dinâmica organizando eventos como o **Sugar&Ethanol Summit** em Londres e Nova York, ajudando com isso a disseminar a indústria de biocombustíveis no mundo.

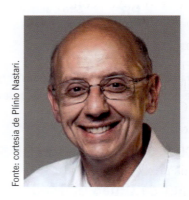

Fonte: cortesia de Plínio Nastari.

Figura 114: Plínio Nastari.

Ainda em 2015, a Datagro realizou a **XV Conferência Internacional DATAGRO sobre Açúcar e Etanol** e premiou vários importantes colaboradores do Proálcool[20].

20 Ver <www.conferenciadatagro.com.br/pt-br/premio#>.

Ações da Associação Brasileira do Agronegócio (ABAG)

A **ABAG**, criada em 1993, tem por objetivo atuar nas cadeias do agronegócio, incluindo a bioenergia, de modo a valorizá-las, ressaltando sua fundamental importância para o desenvolvimento sustentado do Brasil. A ABAG conta com a coordenação de **Luiz Carlos Corrêa Carvalho** (Figura 115), que foi presidente do IAA e representou o Brasil em discussões internacionais. A consequência desses esforços deverá ser a liderança global brasileira na oferta, de forma competitiva, dos produtos agroindustriais.

Figura 115: Luiz Carlos Corrêa Carvalho.

O International Symposium on Alcohol Fuels (ISAF)

O **ISAF** atua globalmente promovendo o uso de etanol desde 1976, quando realizou o primeiro evento em Estocolmo, na Suécia. O ISAF já realizou 22 reuniões científicas no mundo todo, sendo duas no Brasil: Guarujá, em 1980, e Rio de Janeiro, em 2006.

O último ISAF aconteceu em Cartagena de Índias, na Colômbia, em fevereiro de 2016. Um dos seus principais articuladores é o brasileiro **Sergio C. Trindade** (Figura 116), cujos esforços foram reconhecidos com a criação pelo ISAF do *S. C. Trindade Award* ao autor do melhor trabalho apresentado no simpósio. Trindade começou no Brasil, com o Centro de Tecnologia Promon, a contribuir, substantivamente, para o setor desde o lançamento do Proálcool. Seu trabalho para a Unica foi importante para a abertura do mercado da Califórnia e mais tarde da totalidade dos EUA (em 2011). Contribuiu para reduzir significativamente a tarifa de importação de etanol na China.

Figura 116: Sergio C. Trindade.

Ações da Job Economia

A **Job Economia**, de Júlio Maria Borges, é outra empresa que se dedica ao negócio de bioenergia promovendo conferências no Brasil e no exterior.

Figura 117: Locais onde aconteceram os simpósios do ISAF.

5. Acontecimentos recentes e desafios para o futuro

2012-2014: uma nova indústria começa a decolar – a dos biocombustíveis para a aviação

O Projeto PITE[1]/Fapesp **Roadmap Biocombustíveis Sustentáveis para a Aviação no Brasil**[2], coordenado por **Luís Cortez**, da Unicamp, uma parceria da Fapesp com a Boeing e a Embraer e vários *stakeholders*, visou abrir caminho às pesquisas no Brasil para esse novo mercado, os biocombustíveis aeronáuticos (Figura 118). A partir de duas metas estabelecidas pela indústria da aviação no mundo – ter crescimento sem aumentar as emissões de GEE a partir de 2020 e reduzir as emissões de GEE à metade a partir de 2050 – foi lançado o desafio para as pesquisas. O Brasil, pelas condições excepcionais que possui (abundância de terras, condições naturais e capacitação humana), tem uma grande oportunidade de contribuir para desenvolver essa indústria em escala mundial. As rotas estudadas para a produção de biocombustíveis aeronáuticos no Brasil são apresentadas na Figura 119.

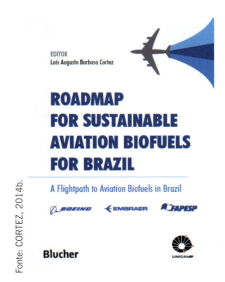

Fonte: CORTEZ, 2014b.

Figura 118: Livro do Projeto PITE/Fapesp Boeing Embraer.

---

1 Programa de Apoio à Pesquisa em Parceria para Inovação Tecnológica (PITE).
2 Ver <http://openaccess.blucher.com.br/article-list/roadmap-aviation-272/list#articles>.

A equipe contou também com **Francisco Nigro**, **Telma Franco**, **Luiz Augusto Horta Nogueira**, **Ulf Schuchardt**, **Heitor Cantarella**, **André Nassar**, **Rodrigo Leal**, **Márcia Azanha Ferraz Dias de Moraes**, entre outros pesquisadores.

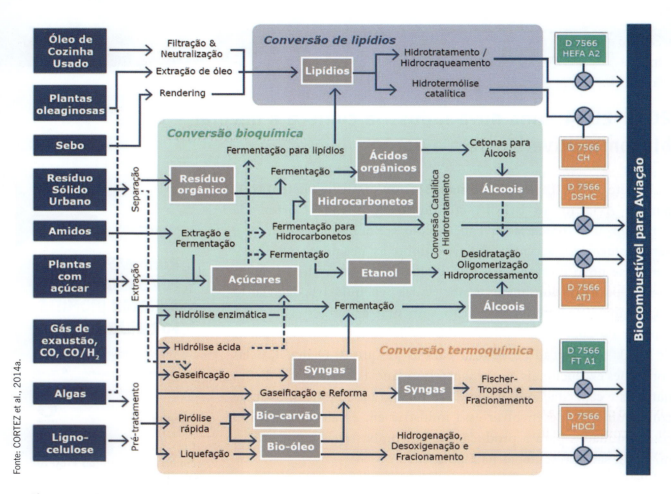

Figura 119: Rotas para a produção de biocombustíveis para a aviação.

2014

A Dedini S/A Indústrias de Base completa 94 anos[3]

A Dedini completou 94 anos em 2014, destacando-se como líder mundial no fornecimento de equipamentos e plantas completas para o setor sucroalcooleiro. Um resumo das plantas com tecnologia Dedini até dezembro de 2013 é apresentado na Tabela 8.

Tabela 8: Plantas completas fornecidas para o setor sucroalcooleiro pela Dedini até dezembro de 2013

Tecnologias Dedini	Unidades
Destilarias de bioetanol no Brasil	875
Usinas completas de bioetanol *turn-key* no Brasil	108
Plantas *turn-key* açúcar/bioetanol no exterior[1]	29
Ternos de moenda	2.633
Caldeiras	1.256
Plantas de cogeração (*turn-key*)	114

Nota 1: Venezuela, Equador, Uruguai, México, Haiti, Paquistão, Etiópia, Guatemala, Argentina, Perú, Costa Rica, Paraguai, Ilhas Virgens, Bolívia, Jamaica, Sudão.
Fonte: Olivério, J.L. (2014).

O Nagise publica levantamento sobre inovação no etanol

O **Núcleo de Apoio à Gestão da Inovação no Setor Sucro-energético (Nagise)**, criado em 2012 e conduzido por um conjunto de instituições públicas e privadas, realizou um trabalho de levantamento da situação da inovação dentro de um conjunto de mais de cinquenta grandes empresas do setor no Brasil. Esse levantamento, intitulado *Futuro do bioetanol: O Brasil na liderança?* e coordenado por **Sérgio Salles Filho**, do Instituto de Geociência (IG) e da Faculdade de Ciências Aplicadas (FCA) da Unicamp, publicado em 2014, é um diagnóstico que mostra quem inova e como inova. Esse diagnóstico mostra um "copo meio cheio", o que significa que, embora haja um conjunto importante de empresas com esforços sistemáticos de pesquisa e

---

3   Ver <www.codistil.com.br/index.php?option=com_content&view=article&id=25&Itemid=45&lang=pt>.

inovação, há ainda um conjunto não menos importante que apenas começa a introduzir o assunto da P&D e da inovação em suas estratégias e rotinas. O setor apresenta um terço de empresas inovadoras, um terço de empresas que começam a investir de forma mais significativa e um terço ainda por iniciar investimentos.

Por qualquer lado que se olhe, o tema da inovação está presente, mas há um caminho de modernização e de mudanças de visão que precisa ser percorrido para que o setor ganhe mais competitividade no longo prazo. O livro *Global ethanol: evolution, risks and uncertainties*, que trata da inovação no setor sucroalcooleiro e do futuro do etanol combustível, acaba de ser publicado por Salles Filho et al. (2016).

O BBEST e a SBE

Durante o **II Brazilian Bioenergy Science and Technology Conference (BBEST)**, em Campos do Jordão, foi criada a **Sociedade de Bioenergia (SBE) (The Bioenergy Society)**[4], presidida por Luís Cortez, com o objetivo de trabalhar em prol da bioenergia sustentável. Outros eventos acadêmicos, como o **AGRENER**, hoje em sua décima edição[5] e nascido como Encontro de Energia no Meio Rural, em 1986 em Itajubá, e o **CONBEA**[6], Congresso Brasileiro de Engenharia Agrícola (44 eventos realizados), em muito contribuíram para promover as discussões científicas do álcool combustível no Brasil.

Figuras 120a e 120b: BBEST e Sociedade de Bionergia.

---

4   Ver < bioenFapesp.org/index.php?option=com_content&view=article&id=228&Itemid=228>.
5   Ver <www.iee.usp.br/?q=pt-br/evento/x-agrener-gd-2015>.
6   Ver <http://agroevento.com/agenda/conbea-2015/>.

Lançamento do *World directory of advanced renewable fuels and chemicals*[7]

Em 2014, durante o II BBEST, é lançado o livro sobre empresas dedicadas à inovação no setor de bioenergia (Figura 121).

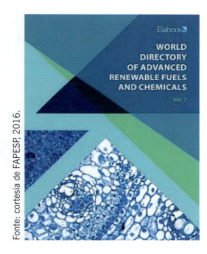

Figura 121: *World directory of advanced renewable fuels and chemicals.*

O trabalho, coordenado por **João Eduardo de Morais Pinto Furtado**, envolveu o levantamento de tecnologias e projetos em escala global, que resultou em um volume que traz informações sobre 250 iniciativas de 28 países, envolvendo mais de 600 parceiros, entre empresas, usuários intensivos de energia, fundos de investimento, universidades, institutos de ciência e tecnologia (ICTs) e governos. O diretório apresenta os resultados da pesquisa para compreender o potencial das alternativas de produção de biocombustíveis e de bioquímicos avançados de origem renovável.

Outro mapeamento das contribuições brasileiras no campo da inovação para o setor sucroalcooleiro tem sido feito por pesquisadores do Instituto de Geociências (IG) da Unicamp (**André Tosi Furtado** e **Sérgio Robles Reys de Queiroz**).

---

7   Ver < http://finep.gov.br/noticias/todas-noticias/4163-lancado-o-anuario-world-directory-of-advanced-renewable-fuels-and-chemicals>.

Publicação do livro *Production of Ethanol from Sugarcane in Brazil, from State Intervention to a Free Market*

Em 2014 foi também publicado o livro *Production of Ethanol from Sugarcane in Brazil, from State Intervention to a Free Market*, de autoria de **Márcia Azanha Ferraz Dias de Moraes** (Figura 122) com **David Zilberman**, da Universidade da Califórnia, Berkeley, e com apoio Fapesp. O livro apresenta uma evolução da cadeia produtiva da cana-de-açúcar no Brasil, destacando o período de criação do Proálcool, e analisando em profundidade o período de desregulamentação do setor, ou seja, a redução da intervenção do Estado. Os autores analisam também o período recente e as principais mudanças após a saída do Estado, expõe a questão política e os diferentes interesses envolvidos e a sua visão de futuro da bioenergia no país.

Figura 122: Márcia Azanha Ferraz Dias de Moraes.

2015

Criação do CEPID PSA/PEGEOUT/CITROËN

Em 2015 foi criado um Centro de Pesquisas e Inovação da Fapesp na Faculdade de Engenharia Mecânica da Unicamp, para realizar P&D em motores a etanol por um período de dez anos. Trata-se de um centro virtual, com laboratórios associados que o compõem: Laboratório de Motores a Biocombustíveis (LMB), da Unicamp; Laboratory of Environment and Thermal Engineering (LETE), da EPUSP; Laboratório de Combustão, Propulsão e Energia (LCPE), do ITA; e Divisão de Veículos e Motores (DVM), do Instituto Mauá de Tecnologia. **Waldyr Luiz Ribeiro Gallo** é o responsável pelo projeto. O objetivo do projeto em andamento é explorar conceitualmente os limites de performance e eficiência para um motor dedicado a etanol, aproveitando as características peculiares desse combustível. Reflexos positivos sobre o desempenho e eficiência de motores *flex* também podem ser esperados.

Figura 123: Projeto Fapesp PSA/Peugeot/Citroën.

Fermentec lança *e-book* sobre seleção de leveduras

A Fermentec publicou em 2015 o *e-book Taylored Yeasts Strains for Ethanol Production: The Process Driven Selection*, sobre a seleção de leveduras[8]. Segundo Amorim, este trabalho já de oito anos com resultados na indústria representa um marco na fermentação em escala industrial, não somente no Brasil como no mundo.

Balanço de importantes contribuições do Proálcool para o Brasil

Um resumo elaborado pelo Laboratório Nacional de Ciência e Tecnologia do Bioetanol (CTBE) sobre a evolução dos principais indicadores agroindustriais da produção de etanol de cana-de-açúcar pode ser visto na Figura 124.

---

8   Disponível em: <www.fermentec.com.br>.

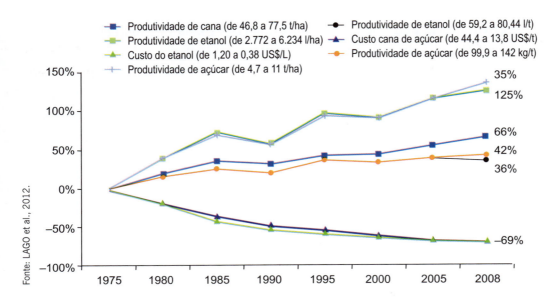

Figura 124: **Crescimento da produtividade e redução dos custos de produção da cana-de-açúcar, etanol e açúcar no Brasil, de 1975 a 2008.**

A evolução desses parâmetros conduziu a um aumento da competitividade do etanol de cana-de-açúcar produzido no Brasil, segundo mostra a Tabela 9.

Tabela 9: **Custo de produção de etanol para diferentes matérias-primas e gasolina, em euros/100 litros**

	Etanol de milho nos EUA	Etanol de trigo na Alemanha	Etanol de beterraba na Alemanha	Etanol de cana no Brasil	Preço da gasolina em Rotterdam
Custo total de produção[1]	39,47	54,97	59,57	14,48	20
Venda de subprodutos	– 6,71	– 6,80	– 7,20	–	n.a.
Subsídios de governo	– 7,93	–	–	–	–
	24,83	48,17	52,37	14,48	20

Nota1: O custo da matéria-prima representa em todos os casos entre 50% a 70% do total do custo de produção do etanol.
Fonte: Goldemberg (2011).

Segurança energética no Brasil

O Proálcool contribuiu efetivamente para aumentar a segurança energética do país. Hoje, cerca de 18% da matriz energética é suprida pela cana-de-açúcar, basicamente para a produção de etanol e bioeletricidade. O etanol representa cerca de 30% do combustível líquido usado em veículos leves, e a bioeletricidade representa cerca de 7% do total gerado no país. Somente com o etanol a economia de divisas entre 1975 e 2015 pode ser estimada em 300 bilhões de dólares[9].

Boas práticas agrícolas

A agricultura de cana-de-açúcar muito se desenvolveu no Brasil devido à forte sintonia entre técnicos da academia e setor privado. Entre os nomes que colaboraram estão **Raffaella Rossetto**, do Instituto Agronômico da Agência Paulista dos Agronegócios (IAC/APTA), **Hélio do Prado** e **Heitor Cantarella**, do IAC/APTA, nas relações solo-planta, **José Roberto Postali Parra**, da ESALQ/USP, e **Leila Luci Dinardo-Miranda**, IAC/APTA, no assunto controle biológico de pragas e doenças da cana-de-açúcar e **Álvaro Sanguino**, do CTC, na área de doenças da cana e desenvolvimento de mudas sadias.

Diminuição de emissões de GEE

Provavelmente o trabalho cientíco mais antigo sobre a contribuição para redução de emissões de CO_2 no Brasil seja o publicado por Isaías Macedo, em 1992, intitulado *The Sugar Cane Agroindustry – Its Contribution to Reducing CO_2 Emissions in Brazil*.

A contribuição do Proálcool no que se refere à diminuição das emissões de GEE pode ser estimada considerando o volume produzido entre 1975 e 2015 de 800 bilhões de litros (20 bilhões de litros/ano × 40 anos) e 2,5 kg CO_2/litro, portanto cerca de 2 trilhões de quilos de CO_2. Uma avaliação mais precisa, considerando o ciclo de vida completo da produção de etanol e bioeletricidade, mostra um valor de

---

9   Considerando 15 bilhões de litros/ano × 40 anos × 0,50 cents/litro de gasolina substituído. Note-se que um cálculo mais preciso deve considerar os volumes de etanol produzidos e os valores para o câmbio corrente em cada ano. Observe-se as estimativas realizadas por Plínio Nastari, da Datagro, que constam mais adiante neste texto.

370 bilhões de quilos de CO_2 entre 1975 e 2006 (Pacca e Moreira, 2009), que, extrapolada para 2015, alcança 600 bilhões de quilos de CO_2.

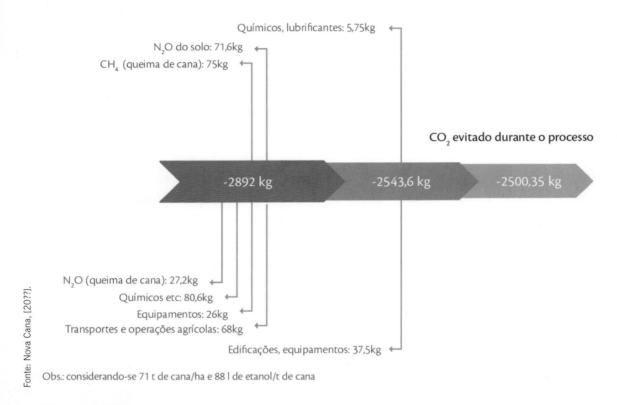

Figura 125: Balanço das emissões de CO_2 eq. (kg CO_2 eq./m^3 de etanol).

Ressalte-se a importância das iniciativas internacionais sobre a sustentabilidade de biocombustíveis e a presença do Brasil nos fóruns de discussão. A Figura 126 apresenta uma lista, preparada pela Unica, das iniciativas regionais, nacionais e internacionais.

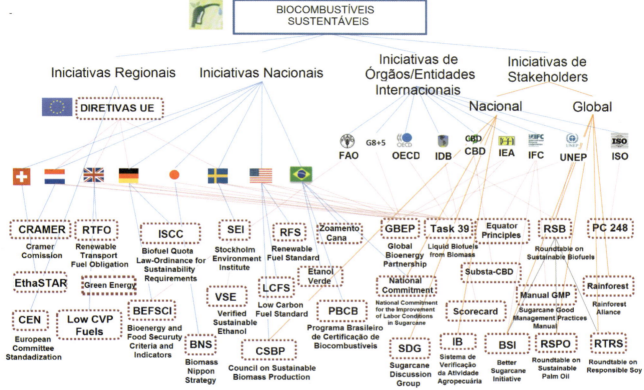

Figura 126: Iniciativas regionais, nacionais, e internacionais sobre sustentabilidade de biocombustíveis.

A Tabela 10 lista os principais indicadores utilizados para medir a sustentabilidade de biocombustíveis utilizados pelas iniciativas. Existe hoje, mais do que nunca na história, a percepção de que, além de ser economicamente viável, o biocombustível (nesse caso o etanol) deve também atender a outros requisitos, como os relativos às emissões de GEE, à não competição com a produção de alimentos e ao não comprometimento da biodiversidade.

Tabela 10: Principais indicadores utilizados para medir a sustentabilidade de biocombustíveis utilizados pelas iniciativas

1	Legalidade	Operações envolvendo biocombustíveis devem seguir todas as leis e regulações aplicáveis.
	Planejamento, monitoramento e melhoria contínua	Atividades envolvendo biocombustíveis sustentáveis devem ser planejadas, implantadas e continuamente aprimoradas por meio de uma Avaliação do Impacto Ambiental e Social (ESIA) aberta, transparente e consultiva e uma análise da viabilidade econômica.
2	2a	Atividades envolvendo biocombustíveis devem responsabilizar-se por uma Avaliação do Impacto Ambiental e Social (ESIA) para avaliar os impactos e riscos e garantir a sustentabilidade por meio do desenvolvimento de planos de implantação, mitigação, monitoramento e avaliação efetivos e eficientes.
	2b	O Consentimento Livre, Prévio e Informado (FPIC – *Free, Prior and Informed Consent*) deve formar a base para o processo a ser seguido durante consultoria de todas as partes interessadas, o que deve ser sensível a gênero e resultar em acordos negociados orientados pelo consenso.
3	Emissões de gases de efeito estufa	Biocombustíveis devem contribuir para a mitigação das mudanças climáticas reduzindo significativamente as emissões de gases de efeito estufa do ciclo de vida em comparação aos combustíveis fósseis.
4	Direitos humanos e trabalhistas	Atividades envolvendo biocombustíveis não devem violar os direitos humanos ou os direitos trabalhistas e devem promover o trabalho decente e o bem-estar dos trabalhadores.
5	Desenvolvimento rural e social	Em regiões de pobreza, atividades envolvendo biocombustíveis devem contribuir para o desenvolvimento social e econômico das pessoas e comunidades locais, rurais e indígenas.
6	Segurança alimentar local	Atividades envolvendo biocombustíveis devem garantir o direito humano a alimentos adequados e melhorar a segurança alimentar em regiões alimentares inseguras.
7	Conservação	Atividades envolvendo biocombustíveis devem evitar impactos negativos sobre biodiversidade, ecossistemas e outros valores de conservação.
8	Solo	Atividades envolvendo biocombustíveis devem implantar práticas que buscam reverter a degradação do solo e/ou manter a saúde do solo.
9	Água	Operações envolvendo biocombustíveis devem manter ou melhorar a qualidade e quantidade dos recursos aquáticos da superfície e do solo, e com relação aos direitos formais e costumeiros à água.
10	Ar	A poluição do ar a partir de atividades envolvendo biocombustíveis deve ser minimizada ao longo da cadeia de abastecimento.
11	Uso da tecnologia, informações e gerencimento dos resíduos	Os usos de tecnologias em atividades envolvendo biocombustíveis devem procurar maximizar a eficiência da produção e o desempenho social e ambiental, e minimizar o risco de danos ao meio-ambiente e às pessoas.
12	Direito da terra	Atividades envolvendo biocombustíveis devem respeitar os direitos da terra e os direitos do uso da terra.

Evolução da produção de etanol em sintonia com o aumento da produção agrícola no Brasil e proteção de santuários ecológicos como a Amazônia

É muito importante citar que a produção de etanol durante o Proálcool aconteceu ao mesmo tempo que o país viveu um aumento significativo de sua produção agropecuária (sobretudo na produção de grãos e carnes), assim como uma diminuição no desmatamento de nossas florestas. A taxa anual de desmatamento na área da Amazônia Legal nos últimos dez anos caiu em 82% e, entre agosto de 2013 e julho de 2014, teve uma queda de 15%, o equivalente a 5.891 km² (Figura 127).

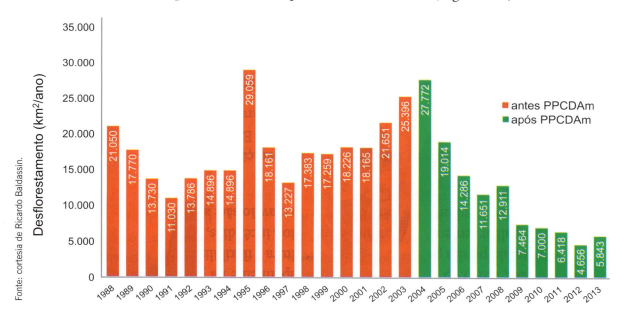

Figura 127: Taxa de desmatamento na Amazônia Legal medidas por meio do Projeto de Monitoramento do Desflorestamento na Amazônia Legal (PRODES).

Hoje, no Brasil, existe a perceção de que a expansão da produção agrícola, seja de alimentos ou de biocombustíveis, deve acontecer de forma a não comprometer a biodiversidade encontrada nas regiões da Amazônia, Pantanal, Cerrado, Mata Atlântica e outras. O país dispõe de 200 milhões de hectares de pastagens (pouco menos de 25% da área total) com relativa baixa produtividade (1 animal/hectare) e deve, portanto, racionalizar o uso do solo, principalmente por meio da intensificação sustentável da produção de gado de corte. Vale mencionar a experiência de várias usinas com integração cana-boi, como a da **Vale do Rosário**, em Ribeirão Preto (SP) (Taube-Netto et al., 2012).

Geração de empregos e melhoraria das condições de vida no meio rural

Outro impacto importante do Proálcool se deu no estímulo à economia, sobretudo rural, e na geração de empregos. As atividades que compõe o setor sucroalcooleiro chegaram a gerar cerca de 1 milhão de empregos. Depois, com a adoção da colheita de cana-de-açúcar crua (sem queimar), muitas usinas introduziram a colheita mecanizada, o número de empregos rurais diminuiu, felizmente em uma época em que o setor crescia rapidamente, absorvendo de alguma maneira essa mão-de-obra em atividades mais produtivas. Os avanços nessa área de estudo podem ser vistos por meio dos trabalhos de **Márcia Azanha Ferraz Dias de Moraes**, da ESALQ/USP.

Veículos a álcool e veículos *flex*: um mercado único no mundo

A evolução do mercado de etanol combustível no Brasil foi impressionante nestes últimos quarenta anos. Mais do que qualquer outro país no mundo, empresários, cientistas e a própria sociedade se empenharam para concretizar a substituição da gasolina por um combustível renovável e produzido localmente. Nas diferentes fases do Proálcool, o etanol combustível viveu três momentos distintos, como mostra a Figura 128. Em um primeiro momento, até 1989, prevaleveu o uso de etanol em carros a álcool (hidratado) e a mistura do etanol anidro à gasolina. Em um segundo momento, após a crise de 1989 até 2002, prevaleceu o declínio e o desaparecimento do carro a álcool, e aumento das quantidades de etanol anidro na mistura. Por último, o período de 2002 até hoje foi marcado pela introdução do carro *flex-fuel* no país.

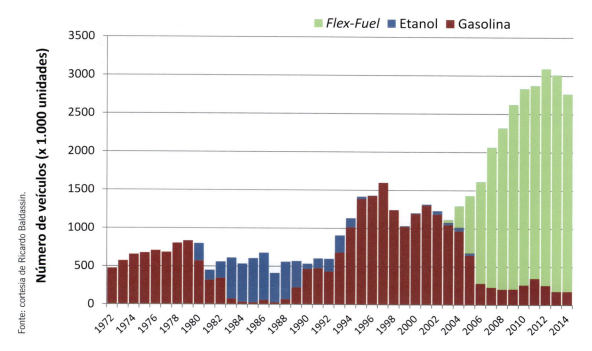

Figura 128: Evolução dos veículos leves no Brasil quanto ao tipo de combustível utilizado.

O Proálcool como exemplo para outros países em desenvolvimento de como diminuir a dependência energética sem comprometer a segurança energética, alimentar e a biodiversidade[10]

Muitos países olham o Proálcool como um exemplo a ser seguido, considerando-o um programa que os atrai mais pelo desenvolvimento do que pela segurança energética. Esse interesse pode ser observado na América Latina, na Ásia e na África, principalmente por parte de países, como Moçambique, por exemplo, que, embora possuam grandes reservas de carvão mineral, se interessam pelo etanol de cana pelos possíveis impactos sociais.

---

10 Mais sobre o assunto nas publicações do Worldwatch Institute, *Biofuels for Transport* (2007) e *Bioenergy for Sustainable Development and International Competitiveness: The Role of Sugar Cane in Africa*, do Stockholm Environment Institute (SEI).

Segurança energética e bioeconomia

O Brasil é provavelmente o país que tem maior participação relativa da biomassa moderna em sua matriz energética e também o país com maior potencial para expandir essa participação. O equacionamento da questão energética no século XXI dependerá, em cada país, do potencial de cada fonte energética, e por esta razão a "solução energética" de um dado país dificilmente poderá ser transplantada para outro. Assim, o potencial brasileiro para energia solar, eólica e, sobretudo, bioenergia não pode ser desprezado ou desconsiderado, principalmente em um momento da história em que os gases que provocam o chamado "efeito estufa" (GEE) são considerados tão importantes. No seu balanço das emissões de CO_2, o etanol de cana-de-açúcar produzido no Brasil tem um potencial considerável de mitigação de GEE. Portanto, mesmo explorando as riquezas do petróleo do pré-sal, o país deveria valorizar seu potencial para a produção de bioenergia.

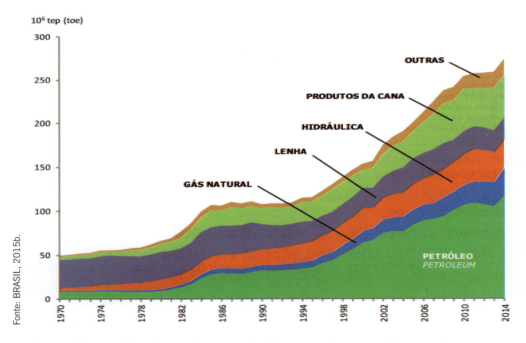

Figura 129: Participação das fontes primárias na matriz energética brasileira.

Expandindo o uso de bioenergia na América Latina e África (a "diplomacia do etanol")

De acordo com Doornbosch e Steenblik (2007), 60% das terras potencialmente disponíveis do total mundial poderiam ser usadas na produção de bioenergia em 2050 (440 Mha), das quais cerca de 60% (250 Mha) estariam na América Latina e Caribe e 40% (180 Mha) na África. A maior disponibilidade de terras para a bioenergia seria, em grande parte, originária de terras com pastagens. Por outro lado, vários países em desenvolvimento poderiam se beneficiar da experiência brasileira de produção de etanol de cana-de-açúcar, visando aumentar sua segurança energética.

Vários países latino-americanos e africanos possuem programas de produção de etanol e biodiesel. Entre eles citam-se os casos da Colômbia, Argentina, Paraguai e Malawi. A Colômbia, por exemplo, já mistura 10% de etanol na gasolina e 5% de biodiesel no diesel. É um país com grandes quantidades de terras aptas ao cultivo agrícola e ainda inexploradas.

A fim de estudar em mais detalhe a expansão da produção de biocombustíveis na América Latina e África, foi montado o **Projeto LACAf-cana**, coordenado por **Luís Cortez**, **Luiz Augusto Horta Nogueira**, **Edgar Beauclair** e **Manoel Regis Lima Verde Leal**, com foco no estudo de quatro países: Colômbia, Guatemala, África do Sul e Moçambique. Alguns resultados desse projeto são mostrados na Figura 130.

O objetivo do projeto LACAf-cana é colaborar com o **Global Sustainable Bioenergy Project (GSB)**, cuja meta é testar a hipótese de que é fisicamente possível para a bioenergia atender sustentavelmente uma fração substancial da futura demanda energética ($\geq 25\%$ da mobilidade global ou equivalente em 2050), ao mesmo tempo que produz os alimentos necessários e atende outras necessidades de terras, preservando o *habitat* da vida selvagem e mantendo a qualidade ambiental (ver detalhes mais adiante no texto, na seção sobre a **Internacionalização da Cooperação Científica da Bioenergia**).

Sabe-se que na maioria dos países em desenvolvimento a questão central é a **inclusão energética** (acesso a combustíveis modernos e eletricidade) e que as soluções são sempre de natureza multidisciplinar, envolvendo aspectos técnicos, econômicos, sociais e ambientais.

Ressalte-se igualmente os estudos da diplomacia do etanol brasileiro, os esforços conduzidos pela **Fundação Getúlio Vargas (FGV)** sobre o potencial de produção de etanol em países africanos.

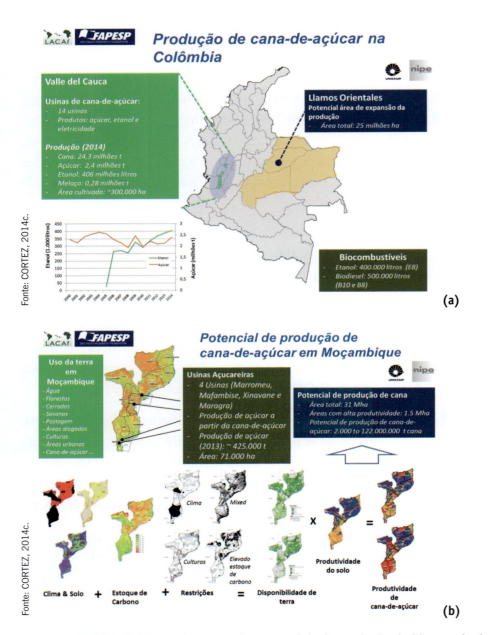

Figuras 130a e 130b: Projeto LACAf – potenciais de produção de bioenergia de cana-de-açúcar na América Latina, Caribe e África.

Valem ser destacadas, igualmente, as ações do **Ministério das Relações Exteriores (MRE)** no apoio à "diplomacia do etanol". Estima-se que o **Itamaraty** tenha formalizado mais setenta acordos bilaterais de cooperação no tema do etanol, principalmente na última década, envolvendo diversas embaixadas brasileiras[11].

A busca do mercado externo para o etanol brasileiro

O etanol brasileiro tentou buscar novos mercados a partir da sua consolidação no mercado interno. No início da década de 1980 já se falava em exportação e se faziam estudos sobre o tema. **Sergio C. Trindade**, na SE2T International, nos últimos 24 anos, realizou projetos exitosos[12] nessa direção para Copersucar, Unica, MDICE, Brenco e outros, tais como:

1) A política brasileira de comércio internacional de etanol, inclusive para o conceito da parceria com os EUA para promover terceiros mercados; o desenvolvimento de mercados de futuros e opções; *roadmap* de pesquisa e desenvolvimento; necessidade de desenvolver infraestrutura de transporte, armazenamento e portos para a expansão do etanol combustível etc.

2) A abertura do mercado americano, começando pela Califórnia, para o etanol de origem brasileira, diretamente e via desidratação no Caribe.

3) A abertura do mercado chinês de etanol combustível importado pela redução da tarifa de importação, em consequência de trabalho desenvolvido para a Brenco.

4) O programa de biocombustíveis do México, em trabalho patrocinado pelo BID, em conjunto com Horta Nogueira e Isaías Macedo.

No estudo de Leite et al. (2009) sobre a **substituição de 10% da gasolina do mundo por etanol de cana-de-açúcar**, já citado, fica claro o potencial de produção. No entanto, as quantidades exportadas de etanol brasileiro têm sido relativamente pequenas, sobretudo a partir de 2009 quando o país teve que importar o combustível. Na Figura 131, são mostradas as quantidades comercializadas de 2004 a 2014.

---

[11] Mais sobre os últimos 40 anos do Proálcool, contribuições e perspectivas futuras podem ser encontradas em BNDES (2008), Unica (2012a), Unica (2012b) e Walter et al. (2014).
[12] Comunicação de Sergio C. Trindade.

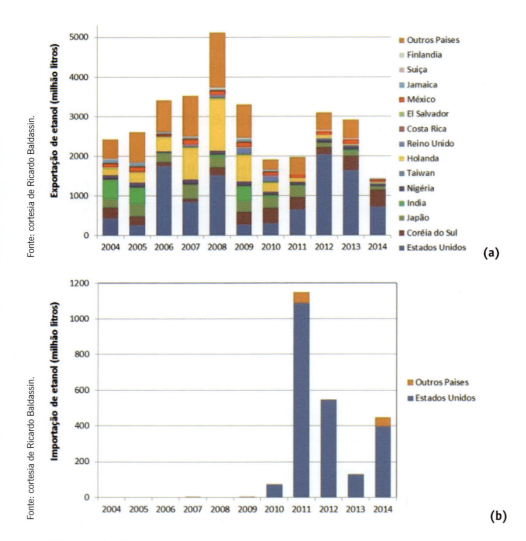

Figuras 131a e 131b: Exportação e importação de etanol pelo Brasil.

Em relação aos países e suas respectivas políticas para o comércio de etanol, estas sempre estiveram sujeitas às flutuações dos preços internacionais do petróleo, às políticas ambientais, especialmente de qualidade do ar, e à proteção de seus mercados domésticos, com pouca percepção da urgência em relação ao impacto dos GEE nas mudanças climáticas. Na Figura 132, são mostrados os volumes do comércio global de etanol combustível.

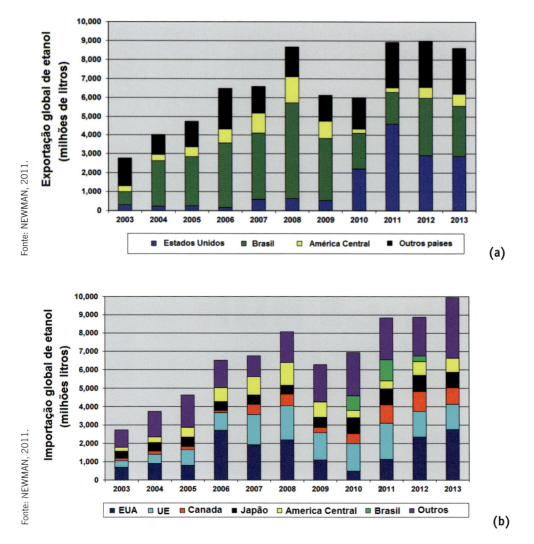

Figuras 132a e 132b: Comércio global de etanol combustível.

Nesse contexto, sempre houve barreiras ao comércio de biocombustíveis, especialmente bioetanol, que se acentuaram ao longo do tempo, principalmente nos mercados europeu e norte-americano. Este último foi finalmente aberto a partir de 2012, devido, em parte, aos esforços da Unica.

Sendo os EUA e o Brasil os dois principais países produtores e consumidores, ambos têm especial responsabilidade para a promoção do mercado internacional e também da colaboração científica, tecnológica e empresarial. Isso foi finalmente implementado em 2007 por meio de acordo bilateral Brasil-EUA, visando promover terceiros mercados, incrementar o comércio e o desenvolvimento tecnológico. Na Figura 133a, é mostrado o comércio de etanol entre o Brasil e os EUA de 2004 a 2014.

Figura 133a: Comércio de etanol entre Brasil e EUA, de 2004 a 2014.

O mercado de etanol no mundo e seus principais países produtores estão na Figura 133b.

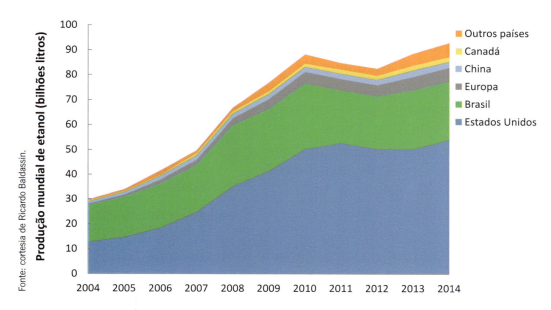

Figura 133b: Produção de etanol entre 2004-2014 pelos principais países produtores.

A internacionalização da cooperação científica para a bioenergia

Muitos foram os pesquisadores e as instituições internacionais que, ao longo destes quarenta anos, interagiram com a comunidade científica brasileira nos diversos temas do etanol combustível, contribuindo em muito para o sucesso do Proálcool.

Uma das instituições que muito contribuíram para a ciência e tecnologia do setor sucroalcooleiro foi a **International Society of Sugar Cane Technologistics (ISSCT),** fundada em 1924. A ISSCT realizou 28 congressos internacionais, dos quais três no Brasil, sempre em São Paulo (1977, 1989 e 2013)[13].

---

13   Ver <www.issct.org/#>.

Uma das primeiras contribuições internacionais sobre o Proálcool veio da visita de **Francisco Rosillo-Calle** (Figura 134) ao Brasil, em 1981. Em sua tese de doutorado na Inglaterra, no início da década de 1980, ele explicava como o Brasil se organizou institucionalmente para montar o Proálcool. Rosillo-Calle também publicou outros livros tratando de bioenergia no Brasil, entre eles *The Charcoal Dilemna: Finding a Sustainable Solution for Brazilian Industry* e *Uso da biomassa para produção de energia na indústria brasileira*.

Figura 134: Francisco Rosillo-Calle.

1988: criação do International Consortium for Sugarcane Biotechnology (ICSB)

Este consórcio é um exemplo de cooperação internacional para alavancar recursos e conhecimentos dos participantes do setor em busca de um objetivo comum. O ICSB é composto por dezessete instituições-membros de doze países. Entre os membros estão o CTC e o Sugar Research Australia (SRA).

1995: acordo BC/CAPES em biomassa moderna

Em 1995, **David Hall** (King's College, Figura 135) e **Sérgio Bajay** (Unicamp) iniciaram uma colaboração, fruto de um projeto British Council/CAPES, objetivando estudar as três principais indústrias brasileira na área de biomassa: siderúrgica com o carvão vegetal, papel e celulose com o eucalipto, e sucroalcooleira com a cana-de-açúcar. Desse projeto resultou o livro *Industrial Uses of Biomass Energy: The Example of Brazil*.

Figura 135: David Hall.

1998: início da parceria com o NREL

Em 1998, **Helena Chum** (National Renewable Energy Laboratory-NREL, Figura 136) e **Isaías Macedo** (Unicamp) iniciaram colaboração na área de bioenergia moderna. As atividades do NREL em tecnologias avançadas de hidrólise e termoconversão e também sustentabilidade de biocombustível estimularam o acordo, que veio a possibilitar um grande intercâmbio de pesquisadores.

Figura 136: Helena Chum.

Década de 1990: primeiras redes de biocombustíveis e a promoção da bioenergia na América Latina

Estudos coordenados por **Luiz Augusto Horta Nogueira**, da UNIFEI (Figura 137), sobre o quadro atual e as perspectivas dos biocombustíveis na América Latina, levaram à criação da **Red de Cooperación en Dendroenergia**, da **Organização das Nações Unidas para Alimentação e Agricultura (FAO)**, reunindo profissionais de instituições de diversos países e promovendo intercâmbio de conhecimento e experiências. Posteriormente, Horta desenvolveu outros trabalhos: a) para a CEPAL, desde 2004, diversos estudos sobre o potencial e as condições para promover a produção e uso de etanol de cana de açúcar nos países da América Central, posteriormente

Figura 137: Luiz Augusto Horta Nogueira.

detalhados para a Guatemala e Costa Rica; estudos sobre a bioenergia em países da América Andina e Guyana; e estudos sobre os aspectos econômicos e institucionais para promover os biocombustíveis na América Latina; b) para o BID em 2007, com Isaías Macedo e Sergio C. Trindade, um amplo estudo visando à implantação de um programa de biocombustíveis no México; e c) para instituições como a Universidad Católica de Chile e a Universidad Tecnológica Nacional da Argentina, ministrando cursos sobre bioenergia.

Essas atividades, bem como a participação em muitos encontros regionais sobre bioenergia e biocombustíveis, foram oportunas para as atividades da Cátedra do Memorial da América Latina, que objetivava estudar e promover os biocombustíveis sustentáveis nessa região.

2005: parcerias com o Royal Institute of Technology (KTH) da Suécia

Semida Silveira (Figura 138), brasileira radicada em Estocolmo, na Suécia, colaborou formando doutores na área de bioenergia do etanol e também publicou o livro *Bioenergy – Realizing the Potential*, com vários autores brasileiros. A contribuição do seu time no KTH inclui metodologias para análise do balanço energético e emissões de gases de efeito estufa, otimização do uso de recursos da biomassa, bem como análise de políticas públicas e formação de mercado para o etanol em nível nacional e internacional.

2005: parcerias em hidrólise com a Lund University, da Suécia

Uma importante parceria se estabelece com **Guido Zacchi** (Figura 139), da **Lund University,** na Suécia. Zacchi, uma das maiores autoridades em hidrólise, veio ao CTBE e ajudou na construção do programa do etanol lignocelulósico.

2009: The Global Sustainable Bioenergy – o GSB Project[14]

Em 2009, iniciou-se o **Projeto GSB**, trazido por **Lee Lynd** (Figura 140), professor do Dartmouth College, nos EUA. A meta do projeto era chegar a 2050 com pelo menos 25% da matriz energética mundial composta por bioenergia sustentável. Para tanto, inicialmente, foram realizadas cinco convenções continentais visando responder às três perguntas básicas do Projeto GSB: **por que produzir bioenergia?**; **Quanto é possível produzir?**; e **Como, de que maneira, deve-se produzir bioenergia?**

Figura 138: Semida Silveira.

Figura 139: Guido Zacchi.

Figura 140: Lee Lynd.

---

14   Ver <www.fapesp.br/5583>.

Essas questões estão sendo hoje trabalhadas em projetos temáticos para a América Latina e África, regiões que detêm o controle das terras ainda disponíveis, mas onde existem problemas relacionados com segurança alimentar, energética, além da fragilidade política-institucional. Além desse projeto há também outro temático que estuda a intensificação de pastagens visando permitir o uso de terras para a produção de bioenergia. O projeto GSB se desenvolve com o apoio da Fapesp, contando com a colaboração de outros pesquisadores do exterior, como **John Sheehan**, da University of Colorado, **Jeremy Woods**, do Imperial College, e **Keith Kline** e **Virginia Dale**, ambos do Oak Ridge National Laboratory (ORNL).

Grupo de Economia Agrícola da ESALQ/USP

Um grupo muito atuante na área de economia internacional é o da ESALQ/USP, que há pelo menos duas décadas tem coletado e organizado informações sobre a evolução do setor sucroalcooleiro, a partir das quais se desenvolvem pesquisas que subsidiam a condução de políticas econômicas e comerciais. Vários pesquisadores deste grupo se destacam, entre eles, **Marcos Jank**, que recentemente foi presidente da Unica, e **Heloisa Lee Burnquist**.

2011: a Fapesp inicia a realização de uma série de *workshops* de cooperação científica chamados *Fapesp Week*

São realizados vários *workshops* de cooperação envolvendo universidades, centros de pesquisa em várias áreas, incluindo bioenergia. Já foram realizados *Fapesp Weeks* nas seguintes locais: Washington (2011), Toronto (2012), Cambridge (2012), Washington (2012), Morgantown (2012), Salamanca (2012), Madri (2012), Carolina do Norte (2013), Londres (2013), Tóquio (2013), Califórnia (2014), Munique (2014), Pequim (2014), Barcelona (2015), Davis (2015) e Buenos Aires (2015).

2013: acordo Fapesp-Nepad

A Fapesp assinou um acordo com o **New Partnership for Africa Development (Nepad** – Figura 142**)** para cooperação no campo da promoção da bioenergia sustentável na África.

Figura 141: *Fapesp Week*.

Figura 142: Nepad.

2013: BE-Basic inicia colaboração visando "bioeconomia"

Em 2013, a **BE-Basic Foundation** vem ao Brasil para promover a bioeconomia. A BE-Basic é uma parceria público-privada internacional que desenvolve soluções industriais de base biológica para construir uma sociedade sustentável. A ideia é mudar o paradigma de combustíveis fósseis para biomassa moderna, desenvolvendo novas tecnologias e conhecimentos para todas as indústrias de alimentos, produtos químicos, energia e materiais.

O BE-Basic tem estimulado a colaboração entre o meio acadêmico e a indústria, entre cientistas e empresários e entre os Países Baixos e outros países, com ênfase na colaboração. **Luuk van der Wielen** (Figura 144), da Delft University of Technology (DUT), é o gerente do BE-Basic. Entre as ações atuais há o curso de graduação/pós-graduação/extensão DUT/Unicamp sobre biocombustíveis. Os projetos do BE-Basic contam com o apoio de Patricia Osseweijer, também da Delft University of Technology (DUT) Gustavo Paim Valença e Telma Franco (FEQ/UNICAMP).

Figura 143: Patricia Osseweijer.

Figura 144: Luuk van der Wielen.

2014: a cooperação internacional no CTC

O Centro de Tecnologia Canavieira (CTC) sempre contou com consultores internacionais que ficaram vivendo certo tempo no Brasil. Entre os pesquisadores estrangeiros podem ser citados **Albert J. Mangelsdorf** e **Paul H. Moore** (Figura 145), ambos do Havaí, entre outros.

Figura 145: Paul H. Moore.

2014: BIOEN/Fapesp organiza o Relatório Scope conclusivo sobre Sustentabilidade da Bioenergia

O Relatório do Scientific Committee on Problems of the Environment (Scope)[15] Bioenergy & Sustainability é uma das contribuições científicas mais importantes na área de sustentabilidade em bioenergia. Coordenado por **Gláucia Mendes Souza (BIOEN/Fapesp)**, **Reynaldo Vitória (Mudanças Climáticas/Fapesp)**, **Carlos Joly (Biota/Fapesp) e Luciano Verdade,** o relatório com mais de 700 páginas foi publicado em 2015 e é resultado do esforço de 137 pesquisadores de 82 instituições e 24 países, tratando das principais questões relativas à sustentabilidade de biocombustíveis, incluindo segurança alimentar, segurança energética, ambiental, desenvolvimento econômico e inovação (Figura 146).

Com base em mais de 2 mil referências e estudos importantes, o relatório fornece uma análise global do panorama atual da bioenergia, tecnologias e práticas com uma revisão crítica dos seus impactos. Considera uma ampla avaliação do atual *status* dos recursos bioenergéticos, sistemas e mercados e o potencial de expansão sustentável desse recurso renovável.

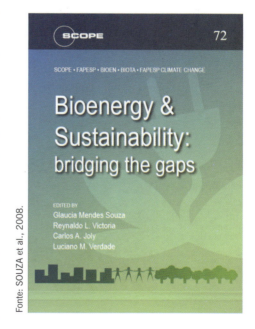

Figura 146: Relatório Scope.

---

15   Disponível em: <http://bioenfapesp.org/scopebioenergy/images/chapters/bioenergy_sustainability_scope.pdf>.

Os autores fazem recomendações para a política e implantação de opções de bioenergia: biocombustíveis líquidos, bioeletricidade, biogás, calor e produtos químicos de base biológica.

Os autores consideraram a expansão da bioenergia e os seus impactos no domínio da energia, alimentos, segurança ambiental e climática, desenvolvimento sustentável e o nexo da inovação nas regiões desenvolvidas e em desenvolvimento no mundo. O relatório também destaca números, soluções, lacunas no conhecimento e sugere a ciência necessária para maximizar os benefícios de bioenergia.

Painéis incluíram especialistas da academia, da indústria e das ONGs, e discutiram o estado atual e tendências na produção de biomassa e suas possíveis implicações para estratégias de política, comunicação e inovação para um futuro sustentável.

Algumas universidades estrangeiras que visitaram USP, Unicamp e Unesp em busca de parcerias em pesquisas em bioenergia

Alexander von Humboldt Foundation	Imperial College	University of Derby
Anglia Ruskin University	Kazan National Research Technological University	University of Hamburg
Birmingham University	University of Applied Sciences	University of Leeds
Brunel University	Ingolstadt University	University of Limerick
Cardiff University	Humboldt University	University of Liverpool
Chalmers University	Kiel University	University of Lódz
CIRED – França	Loyola Marymount University – LMU	University of London
Copenhagen University	Lund University	University of Manchester
Cranfield University	Mälardalen University	University of Münster
Delft University of Technology	Nottingham University	University of Oulu
Durham University	Oxford University	Universität Potsdam
Dublin Business School	Technishe Universität Munchen – TUM	University of Southampton
Dublin City University	Stellenbosch University	University of Strathclyde
Durham University	Swansea University	University of Warwick
Eindhoven University	Universidad Industrial de Santander – UIS	Utrecht University
Goldsmiths University of London	Universidade de Coimbra	Wageningen University
Glasgow Caledonian University	University of Bath	Waterford Institute of Technology – TSSG
Goldsmiths University College Dublin	University of Bristol	
IMC	University College of Cork	

Bioenergia da cana-de-açúcar, uma real contribuição para o Brasil e para o mundo

Nascido da convicção de empresários e apoiados por cientistas e governo, o Proálcool foi indiscutivelmente o maior programa de estímulo à programação de biocombustíveis renováveis no mundo. Nesse sentido, a produção da bioenergia da cana-de-açúcar ofereceu e ainda oferece importantes contribuições à economia brasileira e ao mundo.

Como o objetivo inicial era economizar divisas substituindo gasolina importada, **Plínio Nastari**, da Datagro estimou que, desde 1975, tenham sido substituídos 2,41 bilhões de barris de gasolina[16], uma marca muito relevante para o Brasil, um país que dispõe de reservas de petróleo e condensados estimadas entre 13,1 e 16,6 bilhões de barris, dependendo do critério considerado, incluindo reservas do pré-sal. Nastari estimou também que o valor da gasolina substituída represente economia acumulada de mais de 381 bilhões de dólares (em dólares constantes de dezembro de 2014), incluindo o custo da dívida externa evitada; e que desde 1975 o uso do etanol combustível tenha evitado emissões de mais de 800 milhões de toneladas de CO_2 equivalente e, apenas em 2014, mais de 50 milhões de toneladas. Estima ainda que, em 2015, o etanol combustível, anidro e hidratado, tenha substituído 42% de toda a gasolina consumida no país.

O assunto da bioenergia sustentável da cana-de-açúcar é provavelmente o tema que mais atrai interesses internacionais sobre o Brasil, sendo referência na contribuição da ciência em colaboração com empresários e governo. No entanto, de 2008 para cá, esse cenário favorável tem sofrido substanciamente em decorrência de diversos fatores, alguns deles externos (crise na Europa) e outros internos, o que pode prejudicar o aproveitamento desse potencial para o país.

Aspectos conjunturais da presente crise (2008 a 2015)

Alguns fatos, internos e externos, aconteceram nesse período quase que simultaneamente, precipitando uma longa crise no setor sucroalcooleiro:

---

16   Considerando 1 barril = 159 litros, portanto cerca de 383 bilhões de litros.

a. **Petróleo:** o governo federal e a Petrobras anunciaram no fim de 2007 as reservas de petróleo do pré-sal, levando a uma priorização desse setor em detrimento das outras fontes renováveis no país. Esse fenômeno viria a ganhar intensidade maior com o início da produção de gás de xisto (*shale gas*) nos EUA, fazendo cair substancialmente os preços do petróleo no mercado internacional do patamar de 100 dólares para cerca de 40 dólares/barril, a partir do segundo semestre de 2014. Note-se que a faixa de viabilidade econômica de exploração do petróleo do pré-sal está entre 40 dólares e 70 dólares/barril.

b. **Diminuição da ênfase internacional sobre os biocombustíveis:** uma onda de más notícias divulgadas pela mídia, inclusive revistas científicas, trazem considerações e preocupações sobre o impacto da produção dos biocombustíveis: a competição com a produção de alimentos, a dúvida sobre sua capacidade de mitigar emissões de GEE, as dificuldades de produzir biocombustíveis de segunda e terceira gerações e o reconhecimento de que não há muita terra agrícola disponível no mundo, com exceção da América Latina e África, justamente regiões onde existem problemas ligados à segurança alimentar e energética.

c. **Falta de políticas consistentes no planejamento energético nacional e em específico de apoio aos biocombustíveis:** o país tem tido nas últimas décadas uma grande dificuldade em organizar o **planejamento energético** de médio e longo prazo. Em meados da década de 1990, assistimos às privatizações de empresas do setor elétrico e à criação das agências reguladoras, ANEEL e ANP. No entanto, nos útimos anos, em função de problemas conjunturais e estruturais, o país voltou a ter problemas no setor elétrico. Esses problemas fazem ressurgir as oportunidades para as fontes renováveis de energia, em particular da bioeletricidade.

> *No âmbito do Estado de São Paulo, o Secretário de Energia João Carlos de Souza Meirelles lançou em 26 de agosto de 2015 o programa* São Paulo na Rede Elétrica, *que pretende ampliar o fornecimento de energia para a rede elétrica produzida a partir da queima da palha, do bagaço da cana-de-açúcar e outros insumos, como cavaco de madeira. Um estudo feito pela pasta mapeou as usinas existentes e identificou a sua produção, consumo e exportação de energia excedente para a rede elétrica. Foram analisadas 166 instalações, que assinaram o Protocolo Agroambiental. Deste total, 34 delas ficam na região nordeste do Estado, a uma distância de 100 km do município de Morro Agudo. Dez foram selecionadas para um projeto-piloto em conjunto com a CPFL, concessionária de energia da região.*

> *"Considerando o excedente de energia que essas 10 usinas conseguem produzir na região de Morro Agudo, conseguiríamos aumentar o fornecimento para a rede em 237MW, o que significa o consumo anual de uma cidade como Ribeirão Preto, que possuiu 600 mil habitantes", disse o secretário de Energia, João Carlos de Souza Meirelles*

Fonte: <www.energia.sp.gov.br/lenoticia.php?id=764>.

No campo dos combustíveis líquidos, em particular o etanol, houve uma dificuldade de se definir uma política fiscal sustentável para o setor. Um exemplo mais recente (2008-2014) foi a suspensão da **Contribuição de Intervenção do Domínio Econômico (CIDE)** da gasolina, o que na prática se caracterizou como um estímulo ao consumo excessivo de gasolina importada em detrimento do etanol produzido nacionalmente.

d. **Clima e baixa produtividade:** as variações climáticas têm diminuído a incidência de chuvas no Sudeste brasileiro, justamente a região onde se concentra a maior parte da produção de cana no país. Este fenômeno, associado às más práticas, tem causado uma diminuição na produtividade da cana e consequente elevação de custos de produção.

Todos esses fatores, somados, são responsáveis pela geração de uma crise bastante grave no setor sucroalcooleiro no Brasil. Essa crise, e a respectiva falta de horizonte de médio e longo prazos, fez os investidores suspenderem a construção de novas usinas, além de fecharem outras. A produção de cana, açúcar e etanol ficou praticamente estagnada por vários anos a partir de 2008.

O pré-sal não é uma opção que exclui o etanol porque o país pode, perfeitamente, aproveitar as duas possibilidades de forma integrada. No entanto, os investimentos devem ser realizados de forma mais equilibrada, favorecendo ambos.

Quanto à questão tributária, recentemente o governo federal reintroduziu a CIDE na gasolina, o que retomou a competitividade do etanol frente à gasolina. No entanto, falta ainda um adequado equacionamento para a questão dos estoques reguladores da oferta-demanda de etanol. Uma possibilidade que tem sido aventada é a criação de um "mercado futuro" para o etanol, criado, por exemplo, na BM&F de São Paulo, ou algum outro mecanismo, como os leilões usados no mercado de energia elétrica.

No campo do setor elétrico, novas medidas são necessárias, como, por exemplo, um maior incentivo à produção de bioeletricidade de cana, o que pode fazer o setor contribuir de forma mais decisiva na matriz energética nacional.

A grande dimensão da produção de cana, açúcar e etanol no Brasil, após 40 anos de Proálcool

Tendo como cenário todas as influências que o setor sucroenergético do Brasil recebeu, nestes quarenta anos após a criação do Proálcool, houve uma grande expansão deste agronegócio. Em grandes números, citamos a evolução da produção de cana e de seus principais produtos:

- **Cana-de-açúcar:** de 68 milhões de toneladas de cana por safra (TCS) em 1975/1976, para 652 milhões TCS em 2013/2014.

- **Açúcar:** de 6 milhões de toneladas em 1975/1976, para 38 milhões de toneladas em 2012/2013.

- **Etanol:** de 550 milhões de litros em 1975/1976, para 28 bilhões de litros em 2014/2015.

A Figura 147 apresenta essa evolução (Olivério; Boscariol, 2013).

Primeiro grande salto, de 1975/1976 a 1985/1986, com a produção de cana aumentando de 68 milhões TCS para 223 milhões TCS, devido ao aumento de demanda de etanol no mercado interno (de 550 milhões para perto de 12 bilhões de litros, devido à implantação do Proálcool). Nesse período, por influência do grande aumento no processamento de cana e na produção de etanol, que gerou grande demanda por novas usinas e novos equipamentos, desenvolveu-se intensamente a tecnologia industrial desses setores da usina, setores estes que são ainda hoje a sólida base e referência para os desenvolvimentos mais recentes. Note-se que os processos e equipamentos para a produção de açúcar, por não ter a demanda um crescimento expressivo, não evoluíram nesse período, e constata-se que a tecnologia voltada à produção de açúcar permaneceu bastante defasada no Brasil comparativamente às usinas do exterior.

De 1985/1986 a 1993/1994 a produção de cana se estabilizou, ora sendo produzindo mais etanol, ora mais açúcar, com pequenas variações.

Acontecimentos recentes e desafios para o futuro | 189

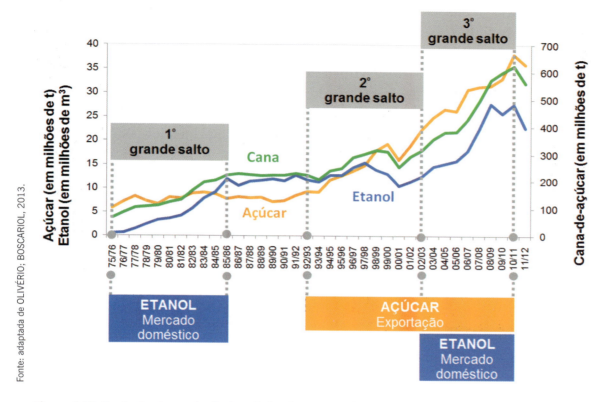

Figura 147: Evolução da produção brasileira de cana, açúcar e etanol e os motivos dessa expansão.

Segundo grande salto, com a produção de 218 milhões TCS em 1993/1994 se elevando para 320 milhões TCS em 2002/2003, devido ao aumento de produção de açúcar de 9 milhões para 23 milhões de toneladas destinadas ao mercado de exportação. Destaque-se que, até este estágio, a tecnologia de produção de açúcar se mantinha estagnada aos níveis da década de 1970. Com o crescimento da produção, criou-se o mercado que propiciou ao Brasil, em pouco tempo, igualar e até superar o estado da técnica mundial.

Em 2002/2003 se inicia o **terceiro grande salto**, decorrente do aumento da produção de etanol destinada ao mercado interno devido principalmente à introdução dos veículos **flex** (de 12 bilhões em 2002/2003 para 30,4 bilhões de litros em 2015/2016), do aumento de produção de açúcar para exportação (produção total de 23 milhões de toneladas em 2002/2003 para 33,9 milhões de toneladas em 2015/2016), aumento do qual resultou a necessidade de elevação da produção de cana de 320 milhões para 669,9 milhões TCS em 2015/2016. Também a partir de 2002, com o lançamento da Proinfa, criaram-se os mecanismos institucionais para a produção e comercialização da bioeletricidade excedente, produzida a partir do bagaço e, mais recentemente, também da palha de cana (Olivério; Ribeiro, 2006). Esta condição de crescimento acelerado do processamento da cana e da produção de açúcar, de etanol e da bioeletricidade cria um novo estímulo para o desenvolvimento tecnológico da usina como um todo, que é o que se observa atualmente. Destaque-se que a produção de cana, que sofre o impacto do aumento dos seus principais produtos etanol e açúcar, nesses quarenta anos de Proálcool aumentou cerca de dez vezes, de 68 milhões TCS para 669,9 milhões TCS. Esses números conferem ao país a condição de primeiro produtor mundial de cana, de açúcar e de etanol de cana.

Do aniversário de trinta anos ao aniversário de quarenta anos do Proálcool, as usinas elevaram o processamento de cana de cerca de 380 milhões de TCS para acima de 669,9 milhões de TCS, representando um aumento da ordem de 70%.

Como resultado desse estímulo de mercado, o setor industrial do agronegócio de cana-de-açúcar experimentou novo ciclo de evolução tecnológica, que se traduziu em aumentos na produtividade, rendimentos e eficiências na produção de açúcar, etanol e bioeletricidade. Houve, também, influência da sustentabilidade, que motivou sensível elevação do desempenho das usinas nesse aspecto.

Apresentam-se na Tabela 11 os desempenhos das usinas quanto à tecnologia industrial disponível, no estado da arte, após quarenta anos do Proálcool (Olivério; Boscariol, 2013). Vale comparar com os melhores desempenhos nos décimo e trigésimo aniversários do programa, já apresentados. Verifica-se que houve sensível crescimento na performance do setor industrial canavieiro, mas que, de 2009 em diante, sentiu-se o efeito da crise no setor sucroalcooleiro.

Tabela 11: Resultados da evolução tecnológica do setor industrial, 1975-2013

	Produtos Dedini	Início do Proálcool	Estado da arte
1. Aumento de capacidade de produção/equipamento			
Capacidade de moagem (TCD) – 6 × 78"	Desfibrador vertical/Tandem de moendas	5.500	15.000
Tempo de fermentação (h)	Fermentação batelada/Contínua	24	6-8
Teor alcoólico do vinho (°GL)	Ecoferm	6,5	até 16
2. Aumento de eficiência/rendimento			
Rendimento extração (% aç. cana) – 6 ternos	Tandem de moendas/Difusor modular	93	97/98
Rendimento fermentativo (%)	Ecoferm	80	92
Rendimento da destilação (%)	Destiltech	98	99,5
3. Consumo/eficiência energética			
Consumo total de vapor (kg/t cana)	Tecnologia Dedini	600	320
Consumo vapor-anidro (kg/L)	Split-feed + Membrana/Peneira molecular	4,5	2,0
Caldeira-Eficiência (% PCI)	AZ/AT/Single-drum	66	89
Pressão (bar)/Temperatura (°C)	AZ/AT/Single-drum	21/300	120/540
Biometano a partir de vinhaça (Nm^3/l etanol)	METHAX	–	0,1
4. Parâmetros globais			
Rendimento total (L álc.hidr./t cana)	Tecnologia Dedini	66	87
Bagaço excedente (%) – usina de etanol	Tecnologia Dedini	até 8	até 78
Eletricidade excedente para a rede, usina de etanol, 12.000 TCD, combustível: bagaço, unidade: MW	Tecnologia Dedini	–	50,7
Eletricidade excedente para a rede, usina de etanol, 12.000 TCD, combustível: bagaço + 50%/100% palha, unidade: MW	Tecnologia Dedini	–	84/112
Produção de vinhaça (L vinhaça/L etanol)	Ecoferm/DCV	13	5,0/0,8
Consumo de água (L água/L etanol)	Usina de água	187	(–) 3,7

Notas: TCD, tonelada de cana por dia; PCI, poder calorífico inferior, baseado no bagaço; Ecoferm, sistema de fermentação até 16 °GL; Destiltech, planta de destilação de etanol com recirculação de flegma; METHAX, planta de biodigestão de vinhaça com produção de biogás e/ou biometano; DCV, planta de concentração de vinhaça por evaporação.

A evolução apresentada na Tabela 11 demonstra um notável desenvolvimento nos diferentes processos tecnológicos do setor industrial, gerando inúmeras histórias de sucesso. Vamos comentar somente o aumento da capacidade de moagem: 6 ternos de 78", que processavam 5.500 TCD em 1975, foram evoluindo para 10.000 TCD em 1985, 14.000 TCD em 2005 e, finalmente, 15.000 TCD em 2013.

Consideramos esta evolução, que se processou em inúmeros pequenos estágios, um importante e apropriado exemplo para ilustrar como melhorias contínuas, de pequena dimensão incremental, vieram a resultar em um expressivo aumento final de desempenho.

Esse resultado advém do trabalho diário das engenharias do produto, interagindo experimentalmente com as usinas. Vale destacar os trabalhos de especialistas como Sidney Brunelli e Mario Myaiese, e os gerentes de engenharia de empresas Pedro Eduardo Pinho de Assis e Antonio Carlos D'Ávila.

A pesquisa que ainda é necessária

Evidentemente, a história do Proálcool não termina aqui. Os desenvolvimentos no setor de bioenergia que nos trouxeram até aqui não garantem, necessariamente, uma posição confortável no futuro. Vencer os desafios que se apresentam requer investimentos em pesquisa.

É desejável que haja maior integração da pesquisa com uma abordagem multidisciplinar, estimulando sinergias e o aumento da massa crítica, do impacto e abrangência dos esforços em pesquisa e inovação. É importante atrair jovens pesquisadores em áreas de ponta e parcerias internacionais, diversificando as áreas de atuação, para que a pesquisa conduzida seja do interesse de uma comunidade ainda maior, tanto da indústria nacional quanto internacional.

Os tópicos que merecem atenção da comunidade científica incluem:

1. Pesquisa básica para avançar o conhecimento em bioenergia

Pesquisa em agronomia, ciclos biogeoquímicos, genômica de plantas e micro-organismos, biologia sintética e de sistemas, genética comparativa e evolutiva de plantas utilizadas como fonte de biomassa, fotossíntese, crescimento e desenvolvimento de plantas, adaptação ao ambiente, resposta a estresses bióticos e abióticos, resiliência a climas futuros.

Pesquisa em micro-organismos fermentadores, lignocelulolíticos e algas que permitam explorar as diferentes fontes de biomassa, compreender os fenômenos que regulam a eficiência do uso das fontes de carbono sem perdas e com economia de água. Desdobramentos de coprodutos e compostos químicos de valor agregado que possam resultar em novas aplicações, por exemplo, rotas para aumento da sustentabilidade no conceito *no waste*.

Pesquisa que integre ciências ao longo de todo o ciclo de produção de bioenergia (como em abordagens do tipo *landscape level planning*), gerando conhecimento básico sobre o uso da terra, ciclos biogeoquímicos (água, carbono, nitrogênio) e climáticos.

2. Pesquisa aplicada ao aumento da produtividade e do tempo de operação de usinas de bioetanol, bioeletricidade e biorrefinarias

A indústria do bioetanol produz durante cerca de 180 dias ao ano. A produtividade da cana-de-açúcar precisa ser grandemente aumentada e o tempo de operação das usinas ampliado dos 180 dias anuais atuais para possivelmente uma operação contínua. A média comercial de produção atual de cana-de-açúcar está em torno de 80 toneladas por hectare por ano. O potencial teórico é de 380 toneladas por hectare por ano. Os desafios para o aumento da produtividade no campo envolvem fatores agronômicos, edáficos, ambientais, fisiológicos e biotecnológicos. Nas usinas, os desafios incluem a produção integrada de coprodutos e energia e o uso eficiente de novas fontes de biomassa.

Novas práticas agronômicas em cana-de-açúcar para aumento de produtividade e sustentabilidade

Pesquisas que levem a saltos tecnológicos em manejo e conservação do solo, irrigação e uso eficiente de água e recursos hídricos, canteirização, agricultura de precisão, fertilização, controle de pragas e doenças, e aumento de longevidade do canavial. Uso da palha de cana não somente para a produção tradicional de bioenergia como para etanol de segunda geração. Entre os desafios já identificados estão a definição do impacto ambiental da remoção da palha, sua economicidade e as consequências agroambientais de sua manutenção sobre o solo.

Melhoramento genético da cana-de-açúcar

Pesquisa para o desenvolvimento de novos cultivares de plantas para bioenergia usando avanços recentes da biotecnologia e genômica, que gerem plantas com tolerância à seca, tolerância a altas/baixas temperaturas para expansão de áreas cultivadas, resistência a pragas e doenças, desenvolvimento da cana-energia, expansão e caracterização de bancos de germoplasmas.

Etanol celulósico, produção integrada de coprodutos e energia na usina

Pesquisas para o desenvolvimento de novos sistemas de biorrefinarias com produção integrada de novos coprodutos ou reaproveitamento dos produtos atuais para aumento de produtividade, agregando valor ao setor e produzindo um ciclo de vida mais favorável dos processos de produção de etanol celulósico, com redução de custos e de consumo de água e energia, novas rotas ou rotas mais eficientes para a produção de produtos à base de biomassa.

Bioeletricidade e biomassas fora da rota dos combustíveis líquidos

A bioeletricidade tem tido importância econômica e energética crescente. As tecnologias de combustão têm evoluído e buscam novos desenvolvimentos. Alternativas eficientes de produção de energia incluem a utilização de turbinas movidas a gás oriundo da gaseificação do bagaço. Outra forma de aumentar a produção de energia é por meio da geração de biogás decorrente da fermentação da vinhaça e de outros resíduos da indústria ou provenientes do campo. Atualmente, nas usinas, o bagaço é a principal matéria prima para combustão, mas há interesse crescente em palha, cuja composição mineral pode afetar equipamentos, e em outras matérias-primas externas.

Pesquisa aplicada para ampliar e diversificar as fontes de biomassa para bioenergia

A ampliação do período de operação das usinas é importante para a redução dos custos. Uma alternativa é a produção de biomassas que possam ser utilizadas no período de entressafra da cana-de-açúcar ou o melhor aproveitamento de resíduos agrícolas. Processos de integração de primeira e segunda gerações abrem muitas opções agrícolas envolvendo culturas açucareiras e materiais celulósicos. Um desafio é a necessidade de a biomassa ser suficientemente produtiva para permitir a produção de etanol e, ao mesmo tempo, gerar a energia necessária para a operação dos processos da usina.

Fontes de biomassa de interesse incluem – mas não se restringem a – sorgo, palha de cana-de-açúcar e outros resíduos agrícolas.

O sorgo se encontra no portfólio de plantas para a produção de bioenergia por ser relativamente tolerante à seca, ser fonte de amido, sacarose e de celulose, e poder ser cultivado na entressafra da cana-de-açúcar. Essa cultura já é utilizada para a produção de etanol em diversos países.

A expansão das fronteiras agrícolas, o uso potencial de solos degradados e terras marginais, assim como a resiliência às mudanças climáticas, representam desafios para a produção vegetal, tanto para a bioenergia quanto para outros fins.

O Brasil conta com 6 milhões de hectares de eucalipto e pínus plantados, e apresenta a maior produtividade de madeira do mundo. É uma biomassa já estabelecida que contribui em 11% para a matriz energética brasileira. Tem ainda grande potencial de aproveitamento adicional via produção de etanol celulósico e como matéria-prima para a indústria química. A biomassa florestal tem plantio factível em áreas marginais e de alta declividade, áreas não ocupadas atualmente pela cana-de-açúcar e outras culturas energéticas, contribuindo com o fornecimento de biomassa para bioenergia e melhor aproveitamento da terra.

Pesquisa aplicada à logística da produção de biomassa

Biomassas são produtos volumosos e de baixo valor agregado e, geralmente, estão entre os maiores fatores de custo para a produção de bioenergia. Por exemplo, as operações de corte, carregamento e transporte representam de 20% a 40% do custo de produção de cana-de-açúcar nas usinas. Parte dos aspectos de logística demanda soluções de engenharia e a criação de equipamentos multiuso e eficientes. A logística de produção e distribuição de biocombustíveis também é um foco de pesquisa necessário.

Pesquisa aplicada à produção de biocombustível para aviação e veículos pesados

A indústria aeronáutica internacional tem metas para utilizar combustíveis renováveis e reduzir as emissões de CO_2. Para aviões não há opções no horizonte além de biocombustíveis líquidos. Esses devem ser do tipo *drop-in*, ou seja, que não necessitam de alterações nos motores ou turbinas. Em virtude do destacado potencial para produção de biomassa e do já importante e crescente mercado aeronáutico, o Brasil tem grande oportunidade de se destacar na área de biocombustíveis para aviação e também de aplicações para veículos pesados e embarcações.

Pesquisa do impacto ambiental, social e econômico da expansão da produção de cana-de-açúcar e outras fontes de biomassa para bioenergia

O Brasil se destaca mundialmente como grande produtor de biomassa e também por sua matriz energética em grande parte renovável. A disponibilidade de terras e clima adequado fazem com que o Brasil possa contribuir significativamente para a substituição de derivados de petróleo em escala mundial. É essencial, no entanto, entender qual é o impacto ambiental, social e econômico da expansão da produção de biomassa e bioenergia no país. Aqui se destaca a necessidade de estudos integrados de toda a cadeia produtiva.

Desenvolvimentos futuros e conclusões

Hoje, o Brasil é o líder das pesquisas em cana-de-açúcar. Esta liderança foi conquistada durante os últimos quarenta anos, ficando mais evidente depois de 2000 e sendo muito influenciada pelos esforços desenvolvidos pela Fapesp, universidades e centros de pesquisa. Vale ressaltar que, sobretudo antes de 2000, ocorreram resultados importantes de pesquisas do Planalsucar (depois Ridesa), CTC e IAC, com o lançamento de inúmeras variedades comerciais de cana, melhorias na extração do caldo, fermentação, manejo agrícola, mecanização e logística na colheita e transporte da cana.

A bioenergia moderna desempenha hoje um papel importante na economia brasileira. Isso pode ser observado nos setores: madeira para produção de celulose, papel, cimento, aço e cana-de-açúcar na indústria do etanol e bioeletricidade.

A **Conferência do Clima – COP 21**, realizada em dezembro de 2015, em Paris, França, foi uma ocasião à qual os países levaram suas propostas e políticas visando contribuir para a redução das emissões dos gases do efeito estufa e para a correspondente atenuação da crise climática que vivemos hoje no mundo. A proposta encaminhada pelo governo brasileiro representa um avanço e está fundamentada principalmente em dois eixos: a redução do desmatamento e a ampliação do uso de fontes renováveis na matriz energética. Nesse sentido, a expansão da produção sustentável de etanol e bioeletricidade, sobretudo utilizando pastagens degradadas, podem, de forma direta, substituir a gasolina e evitar o uso de fontes fósseis não renováveis, e, de forma indireta, promover a redução do desmatamento, uma espécie de "ILUC negativo". Portanto, o cenário que se descortina para o etanol e outros produtos da cana-de-açúcar no Brasil é extremamente auspicioso. Há, no entanto, que se construir esse futuro sustentável por meio de políticas públicas e compromissos envolvendo nossa sociedade em fóruns nacionais e internacionais.

Ao Brasil é reservado um futuro próspero no campo da bioenergia. A participação da cana-de-açúcar na matriz energética brasileira tem crescido 1% ao ano desde 2002, já atingindo 19% em 2010. Em outros campos, a **biotecnologia** (alimentos, saúde, química verde e materiais) tem desempenhado um importante papel na economia brasileira e também podem se converter em um importante condutor do desenvolvimento sustentável no Brasil e sua inserção na economia mundial.

No entanto, a partir 2008-2009 houve uma interrupção no crescimento e na entrada em operação de novos projetos para produção de etanol de cana-de-açúcar, embora o mercado interno para o etanol e bioeletricidade de cana-de-açúcar tenda a crescer nos próximos anos. Existe também um mercado promissor para outros biocombustíveis, como os **biocombustíveis para a aviação** no Brasil.

Os investimentos de pesquisa e a formação de recursos humanos na área de bioenergia devem igualmente crescer proporcionalmente. Espera-se, sobretudo com os novos centros de pesquisa, que a pós-graduação também ajude a formar quadros competentes e em todos os níveis para fazer frente aos desafios existentes.

Quanto à tecnologia industrial, também cabem as perguntas: 1) como serão as futuras usinas; 2) que tecnologias serão utilizadas; 3) quais serão as capacidades de processamento; 4) quais produtos serão oferecidos pelas novas usinas? Apenas os tradicionais – açúcar, etanol e bioeletricidade –, ou teremos novos produtos; 5) que lições aprendemos do surpreendente crescimento do setor sucroenergético, principalmente da expansão mais recente?

Esses temas citados acima, foram objeto de um trabalho de Olivério e Boscariol (2013). Para responder a essas perguntas, os autores analisaram o perfil de evolução dos projetos das recentes 117 "usinas *greenfield*" instaladas no Brasil a partir de 2003, com o objetivo de levantar as tendências de evolução das futuras usinas quanto a produtos, capacidades e tecnologias. A conclusão é que os novos *greenfields* serão concebidos e projetados atendendo a cinco vetores direcionadores dessas tendências:

- aumento da capacidade e da produtividade dos equipamentos e das usinas;
- aumento das eficiências e dos rendimentos;
- aumento da sustentabilidade;
- sinergia e integração com outros processos e/ou produtos;
- desenvolvimento de produtos de maior valor agregado da cana-de-açúcar e da usina canavieira.

Essa tendência de evolução é um desafio que a indústria de equipamentos do Brasil se considera em condições de atender, tanto na capacitação quanto na competitividade.

O caso do sucesso brasileiro no uso de etanol de cana-de-açúcar pode ser, assim, entendido como uma trajetória de aprendizado, baseado, na maior parte das vezes, em inovações incrementais. Tiveram papel central os centros de pesquisa, ligados ao setor agrícola, e seus respectivos programas de variedades, e, mais recentemente, as empresas que se formaram, consideradas "filhas" dos centros mais tradicionais.

O Proálcool acaba de completar 40 anos e outra fase já teve início nos últimos anos, tendo a **sustentabilidade** como eixo e devendo impactar a forma como fazemos agricultura, os processos de transformação e redefinindo as relações socioeconômicas.

Boas notícias para o Brasil, que pode, a partir da bioenergia sustentável, construir a sociedade do futuro com base no uso moderno de biomassa!

Referências

ABRA – ASSOCIAÇÃO BRASILEIRA DE REFORMA AGRÁRIA. Proálcool: fórum dos não consultados. *Revista da ABRA*, Campinas, v. 10, n.1, jan-fev 1980, p. 2.

AEA – ASSOCIAÇÃO BRASILEIRA DE ENGENHARIA AUTOMOTIVA. *AEA 30 anos*: a Associação Brasileira de Engenharia Automotiva e sua história. São Paulo: Blucher, 2014.

AEITA – ASSOCIAÇÃO DOS ENGENHEIROS DO INSTITUTO TECNOLÓGICO DE AERONÁUTICA. *Arquivo: Urbano Ernesto Stumpf*. Disponível em: <www.aeitaonline.com.br/wiki/index.php?title=Arquivo:Urbano_Ernesto_Stumpf.JPG>. Acesso em: 27 abr. 2016.

ALMEIDA, E.; CORTEZ, L. A. B.; SILVA, M. A. "Sugarcane Bagasse Pneumatic Classification as a Technology for Reducing Costs on Enzymatic hydrolysis process. In: INTERNATIONAL SOCIETY OF SUGAR CANE TECHNOLOGISTS, 28, 2013, Brazil. *Abstract...* Brazil: STAB & The XXVIIIth ISSCT Organising Committee, 2013. p. 358.

AMORIM, H. V. (Org.). *Fermentação alcoólica: ciência e tecnologia*. Fermentec, 2005. 448 p.

AMORIM, H. V.; OLIVÉRIO, J. L. *Ecoferm – Fermentação até 16% de teor alcoólico reduzindo a vinhaça pela metade*. Piracicaba: Simtec, 2010.

AMYRIS. *Amyris and Crystallev Join Innovative Renewable Diesel from Sugarcane by 2010*. Amyris Press Release, abr. 2008.

ANA – AGÊNCIA NACIONAL DE ÁGUAS et al. *Manual de conservação e reúso de água na agroindústria sucroenergética*. Brasília, 2009. 288 p.

ANCIÃES, A. W. F. et al (Org.). *Avaliação tecnológica do álcool etílico*. 2. ed. Brasília: CNPq, dez. 1978.

ANFAVEA –ASSOCIAÇÃO NACIONAL DOS FABRICANTES DE VEÍCULOS AUTOMOTORES. *10 milhões de veículos flex*, 2010.

AZEVEDO, F. A.; BORGES, E. L. *Breves referências aos aspectos toxicológicos do metanol*. Salvador: Fundação José Silveira, maio 1990. 41 p. (Série Monografias FJS)

BERTELLI, L. G. *A verdadeira história do Proálcool*. O Estado de S. Paulo, São Paulo, p. B2, 16 nov. 2005. Disponível em: <www2.senado.leg.br/bdsf/item/id/313629>. Acesso em: 31 maio 2016.

BNDES – BANCO NACIONAL DO DESENVOLVIMENTO ECONÔMICO E SOCIAL; CGEE – CENTRO DE GESTÃO E ESTUDOS ESTRATÉGICOS (Org.). *Bioetanol de cana-de-açúcar*: energia para o desenvolvimento sustentável. Rio de Janeiro, 2008.

BOETA, N. Z. *Gerenciamento de um Centro de Pesquisas em Agroenergia: estudo de caso*. 2010. 47 p. Dissertação. Fundação Getúlio Vargas, São Paulo, 2010.

BODDEY, R. M. *Biological Nitrogen-Fixation in Sugar-cane – a Key to Energetically Viable Biofuel Production*. Critical Reviews in Plant Sciences, v. 14, n. 3, p. 263-279, 1995.

BODDEY, R. M. et al. *Endophitic Nitrogen Fixation in Sugarcane: Present Knowledge and Future Applications*. Plant & Soil, v. 252, p. 139-149, 2003.

BONOMI, A. et al. *Virtual biorefinery*: an optimization strategy for renewable carbon valorization. Zurich: Springer, 2016.

BRASIL. Decreto 19.717. *Obrigatoriedade da adição de álcool à gasolina de procedência estrangeira*. Rio de Janeiro, 20 fev. 1931.

_____. Ministério da Agricultura, Pecuária e Abastecimento. *2004-2014 – Complexo Sucroalcooleiro: Série histórica*. Exportação/Importação. Brasília, 2015a. Disponível em: <www.udop.com.br/index.php?item=comercio_exterior>. Acesso em: 31 maio 2016.

_____. Ministério da Ciência e da Tecnologia, Secretaria de Tecnologia Industrial. *Relatório Executivo da Comissão Técnica*. Brasília, 1985. 24 p.

_____. Ministério de Indústria e do Comércio. Secretaria de Tecnologia Industrial. *Óleos Vegetais – experiência de uso automotivo desenvolvida pelo programa OVEG-I*. Brasília: STI/CIT, 1985. 344 p. (Documentos, 21).

_____. Ministério da Agricultura, Pecuária e Abastecimento. *Zoneamento Agroecológico da Cana-de-Açúcar*. ISSN 1517-2627 – Documentos 110. Setembro, 2009. Disponível em: <www.mma.gov.br/estruturas/182/_arquivos/zaecana_doc_182.pdf>. Acesso em: 31 maio 2016.

_____. Ministério do Meio Ambiente, "Plano de ação para prevenção e controle do desmatamento na Amazônia Legal (PPCDAm): 3a Fase (2012-2015) pelo Uso Sustentável e Conservação da Floresta". MMA: Brasília, 171 p. 2013. Disponível em: <www.mma.gov.br/florestas/controle-e-prevenção-do-desmatamento/plano-de-ação-para-amazônia-ppcdam>. Acesso em: 31 maio 2016.

_____. Ministério de Minas e Energia. *Balanço Energético Nacional*. Brasília, 2015b. Disponível em: <https://ben.epe.gov.br/downloads/Relatorio_Final_BEN_2015.pdf>. Acesso em: 31 maio 2016.

BRASIL AÇUCAREIRO. Rio de Janeiro, v. 76, n. 2, ago. 1970. Disponível em: <https://archive.org/details/brasilacuca1970vol76v2>. Acesso em: 27 abr. 2016.

BREMER, G. *On the somatic chromosome numbers of sugarcane forms of endogenous cane*. Proceedings of the ISSCT, v. 4, p. 30, 1932.

BURNQUIST, W. L.; LANDELL, M. Standard Genetic Improvement and Availability of Varieties. In: MACEDO, I. C. (Org.). *Sugar Cane's Energy: Twelve Studies on Brazilian Sugar Cane Agribusiness and its Sustainability*. São Paulo: Berlendis & Vertecchia/Unica, 2005. Disponível em: <http://sugarcane.org/resource-library/books/Sugar%20Canes%20Energy%20-%20Full%20book.pdf>. Acesso em: 31 maio 2016.

CÂMARA, M. *Cachaça, prazer brasileiro*. Mauad: Rio de Janeiro, 2004.

CAMARGO, O. A.; VALADARES, J. M.; GIRARDI, R. N. *Características físicas e químicas de solo que recebeu vinhaça por longo tempo*. Boletim Científico, Instituto Agronômico, Campinas, v. 76, 1983. 30 p.

CANAL CIÊNCIA. *Notáveis – Bernhard Gross*. Disponível em: <http://www.canalciencia.ibict.br/notaveis/bernhard_gross.html>. Acesso em: 26 abr. 2016.

CANASAT. *Mapa da colheita*. Disponível em: <http://www.dsr.inpe.br/laf/canasat/colheita.html>. Acesso em: 28 abr. 2016.

CASTRO, F. L. J. et al. Alcohol Engines Conversion Shops: Operational Experience of the Technological Research Center – CAT/IPT. INTERNATIONAL ALCOHOL FUEL TECHNOLOGY SYMPOSIUM, 5, Auckland, New Zealand, 1982. In: Proceedings... Auckland, 1982.

CASTRO, M. H. M.; SCHWARTZMAN, S. *Tecnologia para a indústria: a história do Instituto Nacional de Tecnologia*. Rio de Janeiro: Scielo/Centro Edelstein, 2008.

CAVALETT, O. et al. *Environmental and Economic Assessment of Sugarcane First Generation Biorefineries in Brazil*. Clean Technologies and Environmental Policy, v. 14, p. 399-410, 2012.

CCAS – CONSELHO CIENTÍFICO PARA AGRICULTURA SUSTENTÁVEL. *Conselheiros*. Disponível em: <http://agriculturasustentavel.org.br/conselheiros/luiz-carlos-correa-carvalho>. Acesso em: 28 abr. 2016.

CEN, NIST e INMETRO. "WHITE PAPER ON INTERNATIONALLY COMPATIBLE BIOFUEL STANDARDS" TRIPARTITE TASK FORCE BRAZIL, EUROPEAN UNION & UNITED STATES OF AMERICA. DECEMBER 31 2007, 95p. Disponível em: <www.inmetro.gov.br/painelsetorial/biocombustiveis/whitepaper.pdf>. Acesso em: 31 maio 2016.

CNI – CONFEDERAÇÃO NACIONAL DA INDÚSTRIA. *Bioetanol – O futuro Renovável. Rio+20 Fascículo Setorial*. Brasília: Confederação Nacional da Indústria/Fórum Nacional da Energia, Brasília, 2012. 76 p.

CNPq – CONSELHO NACIONAL DE DESENVOLVIMENTO CIENTÍFICO E TECNOLÓGICO. *Currículo Lattes de Marco Aurelio Pinheiro Lima*. Disponível em: <http://buscatextual.cnpq.br/buscatextual/visualizacv.do?id=K4783080D5>. Acesso em: 9 maio 2016.

Convenção sobre Diversidade Biológica da ONU, 1992. Disponível em: <www.mma.gov.br/biodiversidade/convencao-da-diversidade-biologica>. Acesso em: 31 maio 2016.

COELHO, S.; GOLDEMBERG, J. *Energy Access: Lessons Learned in Brazil and Perspectives for Replication in Other Developing Countries*. Energy Policy, v. 61, p. 1088-1096, 2013.

CORSINI, R. *Mini Usinas Integradas*. Exposição Comparativa. Monografia. Brasil, 1992. 22 p.

CORTEZ, L. A. B. (Org.). *Bioetanol de Cana-de-Açúcar*: pesquisa e desenvolvimento em produtividade e sustentabilidade. São Paulo: Blucher, 2010.

_____ (Org.). *Roadmap for sustainable biofuels for aviation in Brazil*. São Paulo: Blucher, 2014. 272 p., 2014b. Disponível em: <blucheropenaccess.com.br/issues/details/4>. Acesso em: 31 maio 2016.

_____. *Projeto LACAf – Cane: Contribuição de produção de bioenergia pela América Latina, Caribe e África ao projeto GSB. Relatório técnico de pesquisa*. Campinas: FAPESP, 2014c.

CORTEZ, L.; LEITE, R. C. de C. *Relation Between Biofuels Versus Fossil Fuels*. In: Petroleum Engineering Downstream. Encyclopedia of Life Support Systems. Disponível em: <http://www.eolss.net/sample-chapters/c08/E6-185-21.pdf>. Acesso em: 31 maio 2016.

CORTEZ, L. A. B.; LORA, E. E. S.; GÓMEZ, E. O. (Org.). *Biomassa para Energia*. Campinas: Editora da Unicamp, 2008. 734 p.

CORTEZ, L. A. B. et al. An assessment on Brazilian government initiatives and policies for the promotion of biofuels through research, commercialization and private investment support. In: SILVA, S. da S.; CHANDEL, A. K. (Ed.). *Biofuels in Brazil: fundamental aspects, recent developments, and future perspectives*. São Paulo: Springer, 2014a.

COSTA, M. D-B. L. et al. *Sugarcane improvement: how far can we go? Current Opinion in Biotechnology*, v. 23, n. 2, p. 265-270, abr. 2012.

CRAVEIRO, A. M.; SOARES, H. M.; SCHMIDELL, W. *Technical Aspects and Cost Estimations for Anaerobic Systems Treating Vinasse and Brewery/Soft Drink Wastewaters*. Water Science and Technology, v. 18, n. 12, p. 123-134, 1986.

CRUZ, C. H. B. *Pesquisa em Bioenergia em São Paulo*. 2010. p. 5. Disponível em: <http://www.esalq.usp.br/instituicao/docs/centro_paulista_de_bioenergia.pdf>. Acesso em: 9 maio 2016.

CRUZ, C. H. B.; CORTEZ, L. A. B.; SOUZA, G. M. Biofuels for Transport. In: LETCHER, T. M. (Ed.). *Future Energy: Improved, Sustainable and Clean Options for our Planet*. London: Elsevier, 2014. 716 p.

CTC – CENTRO DE TECNOLOGIA CANAVIEIRA. Boletim Interno do Controle Mútuo do CTC, 2007.

CTC – CENTRO DE TECNOLOGIA COPERSUCAR. SEMINÁRIO DE TECNOLOGIA INDUSTRIAL, 4, Piracicaba, 1990. Anais... 391p.

DANTAS, R. B. *A alcoolquímica no Brasil*. Simpósio internacional de avaliação socioeconômica da diversificação do setor canavieiro. Planalsucar/iaa/pnud. Águas de S. Pedro, 1988.

DATAGRO CONFERENCES. *Speakers*. Disponível em: <http://datagroconferences.com.br/conferenciadatagro2014/en/speakers>. Acesso em: 28 abr. 2016.

DEDINI INDÚSTRIAS DE BASE. *DHR Dedini Hidrólise Rápida*. Disponível em: <www.bv.fapesp.br/pt/auxilios/405/processo-dhr-dedini-hidrolise-rapida-projeto-implantacao-e-operacao-da-unidade-de-desenvolviment/>. Acesso em: 17 de novembro de 2015.

DIAS, M. O. S.; MACIEL Filho, R.; MANTELATTO, P. E.; CAVALETT, O. ;ROSSELL, C. E. V. ; BONOMI, A. ; LEAL, M. R. L. V. *Sugarcane processing for ethanol and sugar in Brazil*. Environmental Development, v. 15, p. 35-51, 2015.

DIAS, M. O. S.; JUNQUEIRA, T. L.; CAVALETT, O.; PAVANELLO, L. G. ; CUNHA, M. P. ; JESUS, C. D. F. ; MACIEL Filho, R.; BONOMI, A. *Biorefineries for the production of first and second generation ethanol and electricity from sugarcane*. Applied Energy, v. 109, p. 72-78, 2013a.

DIAS, M. O. S. ; JUNQUEIRA, T. L. ; JESUS, C. D.F. ; ROSSELL, C. E.V. ; MACIEL Filho, R. ; BONOMI, A . *Improving second generation ethanol production through optimization of first generation production process from sugarcane*. Energy (Oxford), v. 43, p. 246-252, 2012 b.

DIAS, M. O. S. ; CUNHA, M. P. ; MACIEL Filho, R. ; BONOMI, A. ; JESUS, C. D. F. ; ROSSELL, C. E. V. *Simulation of integrated first and second generation bioethanol production from sugarcane: comparison between different biomass pretreatment methods*. Journal of Industrial Microbiology & Biotechnology, v. 38, p. 955-966, 2011 a.

DINARDO-MIRANDA, L. L.; VASCONCELOS, A. C. M. de; LANDELL, M. G. de A. *Cana-de-açúcar*. Campinas: Instituto Agronômico, 2008. 882 p.

DOORNBOSCH, R.; STEENBLIK, R. *Biofuels: is the cure worse than the disease?* ROUND TABLE ON SUSTAINABLE DEVELOPMENT. OCDE. Paris, sep. 2007.

DUQUETTE, M. *Grands Seigneurs et Multinationales: l'économie politique de l'éthanol au Brésil*. Montréal: Les Presses de l'Université de Montréal, 1989.

ECOD. *José Goldemberg*. Disponível em: <http://www.ecodesenvolvimento.org/colunistas/jose-goldemberg>. Acesso em: 26 abr. 2016.

EMBRAER. *Embraer celebra dez anos do Ipanema movido a etanol*. Informação à imprensa, 2014.

_____. *Embraer lança novo avião agrícola na Agrishow*. Informação à imprensa, 2015.

ESALQ – ESCOLA SUPERIOR DE AGRICULTURA LUIZ DE QUEIROZ. *Projeto memória*. Disponível em: <http://www.esalq.usp.br/acom/EN_FB/EN_33/files/assets/seo/page8.html>. Acesso em: 27 abr. 2016.

FAPESP – FUNDAÇÃO DE AMPARO À PESQUISA DO ESTADO DE SÃO PAULO. *Brasil líder mundial em conhecimento e tecnologia de cana etanol*. São Paulo, 2007. 75 p.

_____. *Fapesp week London*. Disponível em: <http://www.fapesp.br/week2013/london/>. Acesso em: 6 maio 2016.

_____. *Brasil líder mundial em conhecimento e tecnologia de cana e etanol - A contribuição da FAPESP*. Disponível em: <http://www.fapesp.br/2919>. Acesso em: 28 abr. 2016.

_____. *World directory of advanced renewable fuels and chemicals*. Disponível em: <http://www.fapesp.br/9120>. Acesso em: 28 abr. 2016.

_____. *Apresentação da chamada PSA Peugeot Citroën*. Disponível em: <http://www.fapesp.br/7412>. Acesso em: 6 maio 2016.

FIGUEIREDO, P. et al. O Instituto Agronômico (IAC) e os fatos históricos relacionados ao desenvolvimento da cultura de cana-de-açúcar até o fim do século XX. *Documentos IAC*, v. 103, 47 p., 2011. Disponível em: <www.iac.sp.gov.br/publicacoes/publicacoes_online/pdf/Doc_103_FINAL.pdf>.Acesso em: 31 maio 2016.

FILOSO, S. et al. *Reassessing the environmental impacts of sugarcane ethanol production in Brazil to help meet sustainability goals*. Renewable and Sustainable Energy Reviews, v. 52, p. 1847-1856, 2015.

FINGUERUT, J. *Simultaneous production of sugar and alcohol from sugarcane*. In: ISSCT CONGRESS, 25., 2005, Guatemala. Proceedings... Guatemala, 2005.

FURTADO, A. T.; SCANDIFFIO, M. I. G.; CORTEZ, L. A. B. *The Brazilian Sugarcane Innovation System*. Energy Policy, v. 39, n. 1, p. 156-166, jan. 2011.

FURTADO, J. (Ed.). *World directory of advanced renewable fuels and chemicals*. Vol. 1. São Paulo: Elabora Editora, 2014.

GIANNETTI, W. A. *O papel da indústria de bens de capital no Proálcool*. In: Anais do Simpósio Internacional Copersucar, Açúcar e Álcool. São Paulo, 1985. 556 p.

GOLDEMBERG, J. *Ethanol for a Sustainable Energy Future*. Science, v. 315, p. 810-818, 2007.

_____. *An hystorical account of bioenergy production in Brazil*. In: BBEST – BIOETHANOL SCIENCE AND TECHNOLOGY CONFERENCE, 1., 2011, Campos do Jordão. Anais... Campos do Jordão, 2011.

GOLDEMBERG, J. et al. *Energy Balance for Ethyl Alcohol Production from Crops*. Science, p. 903-906, 1978.

_____. Ethanol learning curve – the Brazilian experience. *Biomass and Bioenergy*, v. 26, n. 3, p. 301-304, mar. 2004.

GOLDEMBERG, J.; NIGRO, F. E. B.; COELHO, S. T. *Bioenergia no Estado de São Paulo: situação atual, perspectivas, barreiras e propostas*. São Paulo: Imprensa Oficial do Estado de São Paulo, 2008. 152 p.

GÓMEZ, E. O. et al. *Some Simplified Geometrical Properties of Elephant Grass and Sugarcane Trash Particles*. Fuel Processing Technology, n. 104, p. 234-244, 2012.

GORDINHO, M. C. *Do álcool ao etanol*: trajetória única. São Paulo: Terceiro Nome: Unica, 2010. 136 p.

GRANDO, F. Probiodiesel. 2002. Disponível em: <www.camara.gov.br/internet/comissao/index/perm/capr/CAPR_BIOMCT.pdf>. Acesso em: 31 maio 2016.

GUERRA, S. M. G.; CORTEZ L. A. B. *Biomass energy: a historical trend in Brazil*. In: Proceedings of the World Renewable Energy Congress. Reading, 1992.

IEA – INSTITUTO DE ESTUDOS AVANÇADOS DA UNIVERSIDADE DE SÃO PAULO. *José Israel Vargas*. Disponível em: <http://www.iea.usp.br/imagens/jose-israel-vargas>. Acesso em: 2 maio 2016.

IBGE, "Sistema IBGE de Recuperação Automática - SIDRA", ano base: 2008. Disponível em: <www.sidra.ibge.gov.br/>. Acesso em: 31 maio 2016.

INSTITUTO DE PESQUISAS TECNOLÓGICAS (IPT). *Conservação de Energia na Indústria do Açúcar e do Álcool*. São Paulo: IPT, 1990.

INSTITUTO NACIONAL DE TECNOLOGIAS (INT). Informativo INT, n. 23, 1979.

HASSUANI, S. J. et al. *Biomass Power Generation, sugarcane bagasse and trash*. Piracicaba: CTC/PNUD, 2005.

HOTTA, C. T. et al. *The biotechnology roadmap for sugarcane improvement*. Tropical Plant Biology, 2010.

JORNALCANA. Ribeirão Preto, v. 258, jul. 2015.

JOSEPH JR., H. *New Advances on Flex Fuel Technology*. ETHANOL SUMMIT, 2009. Disponível em: <http://2009.ethanolsummit.com.br/upload/palestrante/20090626010341671-1028031986.pdf>. Acesso em: 31 maio 2016.

JUNQUEIRA, T. L. et all. *Evaluation of Barros and Wolf Efficiency Correlations for Conventional and Extractive Distillation Columns in Bioethanol Production Process*. Separation Science and Technology, v. 47, p. 1031-1037, 2012.

LAGO, A.C. et al. Sugarcane as a carbon source: the Brazilian case. *Biomass and Bioenergy*, Oxford, v. 46, 2012.

LEAL, M. R. L. V. *Evolução Tecnológica da Produção de Etanol: O Passado*. Powerpoint. REUNIÃO ANUAL DA SBPC, 60, Unicamp, Campinas, jul. 2008.

LEITE, R. C. de C. *Proálcool, a única alternativa para o futuro*. Campinas: Unicamp, 1990.

_____ (Org.). *Bioetanol combustível: uma oportunidade para o Brasil*. Brasília: Centro de Gestão de Assuntos Estratégicos (CGEE), 2009. 536 p.

LEITE, R. C. de C. et al. *Can Brazil Replace 5% of the 2025 Gasoline World Demand with Ethanol*. Energy, v. 34, p. 655-661, 2009.

LOGUM LOGÍSTICA S. A. *Relatório de Impacto Ambiental -Projeto Logum*. Trecho Paulínia-RMSP-Santos. São Paulo: MKR-Logum, 2014. v. 1. Disponível em: <http://imagenature.com.br/wp-content/uploads/2014/07/logum-rima-2014-02-25-BAIXA.pdf>. Acesso em: 14 set. 2015.

LOPES, M. L. et al. *Taylored Yeasts Strains for Ethanol Production*. 1. ed. Fermentec Tecnologias em Açúcar e Álcool Ltda., 2015.

MACEDO, I. C. *The Sugar cane Agroindustry – its Contribution to Reducing CO_2 Emissions in Brazil*. Biomass and Bioenergy, v. 3, n. 2, p. 77-80, 1992.

_____ (Org.). *A energia da cana-de-açúcar: doze estudos sobre a agroindústria da cana-de-açúcar no Brasil e a sua sustentabilidade*. São Paulo: Unica, 2005. 233 p.

MACEDO, I. C.; SEABRA, J. E. A.; SILVA, J. E. A. R. Greenhouse gas emissions in the production and use of ethanol from sugarcane in Brazil: the 2005/2006 averages and prediction for 2020. *Biomass & Bioenergy*, v. 32, n. 7, p. 582-595, jul. 2008. Disponível em: <https://www.researchgate.net/publication/222148801_Greenhouse_gas_emissions_in_the_production_and_use_of_ethanol_from_sugarcane_in_Brazil_the_20052006_averages_and_prediction_for_2020_Biomass_Bionergy>. Acesso em: 20 maio 2016.

MACIEL, M. *Sucro-alcool-química: nova fronteira econômica*. Documento n. 8. Ação Parlamentar. Brasília, 1983. 44 p.

MARIANO, A. P.; et al. Assessment of *in situ* butanolrecovery by vacuum during acetone butanol ethanol (ABE) fermentation. *Journal of Chemical Technology and Biotechnology* (1986), v. 87, p. 334-340, 2012.

MARILLER, C. H. *Distillerie Agricole et Industrielle: levurerie – sous produits*. Nouvelle Encyclopedie Agricole, Paris: J.B. Baillière et Fils, 1951. 632 p.

MEIRA, R. B. O emprego do álcool como agente de luz, força motriz e calor: uma solução para a crise açucareira da primeira república. In: *A quimera da modernização: do terceiro distrito de engenhos centrais ao complexo agroindustrial sucroalcooleiro paulista, mineiro e fluminense*. 1875-1926. 2012. Tese de Doutorado, Faculdade de Filosofia, Letras e Ciências Humanas, Universidade de São Paulo, São Paulo, 2012.

MELLO, F. H. de; FONSECA, E. G. *Proálcool, Energia e Transportes*. São Paulo: Editora Pioneira, 1981. 163 p.

MEMÓRIA PETROBRÁS. 1976 – *Produção de álcool a partir da mandioca em estudo*. Disponível em: <http://memoria.petrobras.com.br/acervo/produao-de-alcool-a-partir-da-mandioca-em-estudo#.VdIeE3lRGUk>. Acesso em: 31 maio 2016.

MENEZES, T. J. B. *Etanol: o combustível do Brasil*. São Paulo: Editora Agronômica Ceres, 1980. 233 p.

MORAES, M. A. de; ZILBERMAN, D. *Production of Ethanol from Sugarcane in Brazil* - From State Intervention to a Free Market. São Paulo: Springer, 2014.

MOREIRA, J, R.; GOLDEMBERG, J. *The alcohol program*. Energy Policy, v. 27, p. 229-245, 1999.

Mutton, M. A., R. Rossetto; M. J. R. A. Mutton. *Agricultural use of stillage*. Sugarcane Bioethanol. L. A. B. Cortez. São Paulo, Blucher: 381-403. 2010.

NASCIMENTO, P. et al. Exogenous Factors in the Development of Flexible Fuel Cars as a Local Dominant Technology. *Journal of Technology, Management & Innovation*, v. 4, n. 4, p. 110-119, 2009.

NASTARI, P. M. *The role of sugarcane in Brazil's history and economy*. 1983. Ph.D. Dissertation, Iowa State University, Ames, 1983.

NASTARI, P. M.; COELHO, A. R.; NAVARRO JR., L. *O Álcool no Contexto dos Combustíveis Líquidos no Brasil*. São Paulo, 1987. 34 p. (Coleção SOPRAL)

NAVARRO JR., L. *Fotossíntese como fonte energética*. São Paulo: Associação Brasileira dos Distribuidores de Gás Liquefeito de Petróleo, 20 abr. 1974.

NEBRA, S. A. *Secagem Pneumática de Bagaço de Cana*. Campinas: FEM/Unicamp, 1985.

NEW PARTNERSHIP FOR AFRICA'S DEVELOPMENT. Disponível em: <http://www.nepad.org/>. Acesso em: 9 maio 2016.

NEWMAN, D. *U.S. ethanol policy and trade*. 2011. p. 7-8. Disponível em: <https://www.usitc.gov/research_and_analysis/documents/ethanol_trade_policy_seminar05112011revised2_0.pdf>. Acesso em: 13 maio 2016.

NIGRO, F. E. B. *O Renascimento do Bioetanol Brasileiro: os fundadores do Proálcool, Uma Retrospectiva Particular da Pesquisa Tecnológica*. Palestra apresentada em São Paulo, 4 jun. 2012.

NIGRO, F. E. B. et al. *The effect of cetane improvers on the rate of heat release in diesel engines using alcohols*. In: Proceedings of the VI International Symposium on Alcohol Fuels Technology. Ottawa, 1984.

NOGUEIRA, L. A. H. *Análise do consumo de energia na produção de álcool de cana-de-açúcar*. Tese de Doutorado. 1987. Faculdade de Engenharia Mecânica, Unicamp, Campinas, 1987.

NOGUEIRA, L. A. H.; CAPAZ R. S. *Biofuels in Brazil: evolution, achievements and perspectives on food security*. Global Food Security 2, p. 117-125, 2013.

NOVA CANA. *Impactos do etanol na redução das emissões de gases de efeito estufa.* [20??]. Disponível em: <https://www.novacana.com/sustentabilidade/impactos-reducao-emissoes-gases-efeito-estufa/>. Acesso em: 12 maio 2016.

NYKO, D. et al. A evolução das tecnologias agrícolas do setor sucroenergético: estagnação passageira ou crise estrutural? *BNDES Setorial*, Bioenergia, n. 37, p. 407, 2013. Disponível em: <www.bndes.gov.br/SiteBNDES/export/sites/default/bndes_pt/Galerias/Arquivos/conhecimento/bnset/set3710.pdf>. Acesso em: 27 abr. 2016.

_____. *Biocombustibles en América Latina y su impacto sobre las emisiones de carbono.* FORO LATINOAMERICANO DE CARBONO, 2, Lima, 2008.

OLIVEIRA, E. S. *Álcool Motor e Motores a Explosão.* Rio de Janeiro: Instituto de Technologia, Ministério do Trabalho, Indústria e Comércio, nov. 1937. 356p.

OLIVEIRA, M. de; VASCONCELOS, Y. *Revolução no canavial: Novas usinas, variedades mais produtivas e pesquisa genética são as soluções para aumentar a oferta de álcool.* Revista Pesquisa da Fapesp, n. 122, abr. 2006. Disponível em: <http://revistapesquisa.fapesp.br/2006/04/01/revolucao-no-canavial/>. Acesso em: 31 maio 2016.

OLIVEIRA JR., S. *Uso de energia na indústria: racionalização e otimização.* São Paulo: IPT, out. 1996.

OLIVÉRIO, J. L.; BARREIRA, S. T., BOSCARIOL, F. C., CESAR, A. R. P. e YAMANAKA, C. K. *Alcoholic fermentation at temperature controlled by ecological absorption chiller – Ecochill.* Proceedings of XXVII ISSCT - International Society of Sugar Cane Technologists Congress, Vera Cruz, México, 7 a 11 de março de 2010a.

OLIVÉRIO, J. L. *Evolução tecnológica do setor sucro alcooleiro: a visão da indústria de equipamentos.* In: CONGRESSO NACIONAL DA STAB, 8, Recife, nov. 2002. Anais... Recife, 2002.

_____. Technological evolution of the Brazilian sugar and alcohol sector: Dedini's contribution. *International Sugar Journal*, v. 108, n. 1287, 2006.

_____. *Etanol de 2ª geração uso do bagaço de cana – o Processo DHR – Dedini Hidrólise Rápida.* Fapesp, São Paulo, 3 jul. 2008.

_____. *DSM – Dedini Sustainable Mill.* CONFERENCE IN ETHANOL SUMMIT. São Paulo: Unica, 2009a.

_____. *Planta Flexível de Biodiesel... Uma solução atual e que também atende ao futuro.* BIODIESEL CONGRESS. São Paulo: IBC, 2009b.

_____. *Assessing the options and solutions for vinasse or... From waste to profit.* In: Sugar & Ethanol Brazil. São Paulo: F. O. Licht, 2011a.

_____. *As usinas de etanol sem a utilização de água externa, ou a usina de água e seu produto a bioágua.* In: Mostra FIESP/CIESP de Responsabilidade socioambiental. São Paulo: FIESP/CIESP, 2011b.

_____. *Maximizando a sustentabilidade com novas tecnologias, ou USD – Usina Sustentável Dedini.* WORKSHOP INTERNACIONAL SOBRE A CADEIA SUCROENERGÉTICA. Piracicaba, ESALQ/USP, 24 jul. 2014.

OLIVÉRIO, J. L.; BARREIRA, S. T.; RANGEL, S. C. P. *Integrated Biodiesel production in Barralcool sugar and alcohol Mill.* In: Proceedings XXVI Congress ISSCT. Durban: ISSCT, 2007.

OLIVÉRIO, J. L., BOSCARIOL, F. C. *Expansion of the Sucroenergy industry and the New Greenfield Projects in Brazil from the view of the equipment industry".* Proceedins of XXVIII ISSCT - International Society of Sugar Cane Technologists Congress, São Paulo, Brasil, 24 a 27 de junho de 2013.

OLIVÉRIO, J. L.; CARMO, V. B; GURGEL, M. A. *The DSM – Dedini Sustainable Mill – a new concept in designing complete sugarcane mills*. In: Proceedings of the XXVII Congress ISSCT. Vera Cruz: ISSCT, 2010b.

OLIVÉRIO, J. L.; HILST, A. G. P. *DHR – Dedini Hidrólise Rápida (Dedini Rapid Hydrolysis) – Revolutionary process for producing alcohol from Sugarcane Bagasse*. In: Proceedings of the XXV Congress ISSCT. Guatemala: ISSCT, 30/01 a 04/02 de 2005a.

OLIVÉRIO, J. L. *Agroenergia – Tecnologia da Indústria de Equipamentos*. In: 1975-2005 - Etanol combustível: Balanço e Perspectivas - Evento Comemorativo dos 30 anos de criação do Proálcool, Campinas, SP, Brasil, 17 de novembro de 2005b.

OLIVÉRIO, J. L.; MIRANDA, J. F. P. *Methane gas from stillage as a motor fuel*. CONGRESS OF THE ISSCT, 20, São Paulo, out. 1989. In: Proceedings... São Paulo, 1989.

OLIVÉRIO, J. L.; ORDINE, R. J. *Novas tecnologias e processos que possibilitam elevar o excedente de bagaço das usinas e destilarias*. Brasil Açucareiro, Piracicaba, v. 105, n. 23, p. 54-89, 1987.

OLIVÉRIO, J. L.; RIBEIRO, J. E. *Cogeneration in Brazilian Sugar and Biethanol Mills: Past, present and challenges*. International Sugar Journal, v. 108, n. 1291, jul. 2006.

OMETTO, A. R.; RAMOS, P. A. R.; LOMBARDI, G. *Mini-usinas de álcool integradas (MUAI) – avaliação emergética*. 2002. In: Procedings of the 4th Encontro de Energia no Meio Rural, Campinas, 2002. Disponível em: <www.proceedings.scielo.br/scielo.php?pid=MSC0000000022002000200024&script=sci_arttext>. Acesso em: 31 maio 2016.

ORTEGA, E., WATANABE, M. D. B., CAVALETT, O. A produção de etanol em micro e mini destilarias. In: CORTEZ, L. A. B.; LORA, E. S.; GÓMEZ, E. O. (Ed.). *Biomassa para energia*. Campinas: Editora Unicamp, 2008.

PENNA, J. C. *O presente e o futuro do Proálcool*. Brasília: CENAL, 1983.

PACCA, S.; MOREIRA, J. R. *Historical carbon budget of the Brazilian ethanol program*. Energy Policy, v. 37, p. 4863-4873, Novembro, 2009.

PESQUISA MÉDICA. *Desigualdade ambiental*. Disponível em: <http://www.revistapesquisamedica.com.br/portal/textos.asp?codigo=11621>. Acesso em: 28 abr. 2016.

POOLE, A.; MOREIRA, J. R. *Energy Problems in Brazil with a Closer Look of the Ethanol-Methanol Problem*. Instituto de Física da Universidade de São Paulo, Internal Report, Julho, 1979.

PORTAL JORNAL CANA. *BNDESPar compra participação no CTC*. Disponível em: <https://www.jornalcana.com.br/bndespar-compra-participacao-no-ctc/>. Acesso em: 28 abr. 2016.

_____. *Política energética deve estar acoplada a política de governo*. Disponível em: <https://www.jornalcana.com.br/politica-energetica-deve-estar-acoplada-a-politica-de-governo/>. Acesso em: 28 abr. 2016.

RAMOS, P.; REYDON, B. P. (Org.) . *Agropecuária e Agroindústria no Brasil: Ajuste, Situação Atual e Perscpectivas*. 1. ed. Campinas/SP: ABRA, 1995. v. 1. 254p .

RAMOS, P. *Agroindústria Canavieira e Propriedade Fundiária no Brasil*. 1. ed. São Paulo/SP: Hucitec, 1999. v. 1. 243 p.

_____. *A evolução da agroindústria canavieira do Brasil entre 1930 e 1990 e o predomínio do sistema de moendas*. 25 a 28/07/2010. In: XLVIII Congresso da Sociedade Brasileira de Economia, Administração e Sociologia Rural, 2010, Campo Grande/MS. Anais da SPOBER. Brasília/DF: SOBER, 2010. p. 1-20.

SILVA, O.; FISCHETTI, D. *Etanol: a revolução verde e amarela*. São Paulo: Editora Bizz. Legere, 2008.

RÍPOLI, T. C. C. *Utilização do Material Remanescente da Colheita de Cana-de-Açúcar (Saccharum SPP) – equacionamento dos balanços energéticos e econômico*. Tese de Livre Docência – ESALQ/USP, 1991.

ROCA, G. A. et al. *Measuring effectiveness of pneumatic classification of sugar cane bagasse particles*. International Engineering Journal, v. 11, n. 1, pp. 14-29, mar. 2013.

RODRIGUES, A. P. *Etanol e o setor sucroenergético – Situação atual e perspectivas*. REUNIÃO DA CRA – SETOR SUCROALCOLEIRO NO BRASIL, 29, Brasília, 22 nov. 2012.

ROSILLO-CALLE, F.; CORTEZ, L. A. B. *Towards Proalcool II – A review of the Brazilian bioethanol programme*. Biomass and Bioenergy, v. 14, n. 2, p.115-124, 1998.

ROSILLO-CALLE, F.; BAJAY, S.; ROTHMAN, H. (Org.). *Industrial Uses of Biomass Energy*: The Example of Brazil. London: Taylor and Francis, 2000a.

_____ (Org.) *Uso da Biomassa para Energia na Indústria Brasileira*. Campinas: Editora Unicamp, 2000b. 447 p.

ROSSELL, C. E. V. et al. *Saccharification of sugarcane bagasse for ethanol production using the Organosolv Process*. In: Proceedings of the XXV Congress ISSCT, Guatemala: ISSCT, 2005.

ROTHMAN, H.; GREENSHIELDS, R.; ROSILLO-CALLE, F. *Energy from Alcohol: The Brazilian Experience*. Lexington: University Press of Kentucky, 1983.

SALLES FILHO, S. L. M. *Global ethanol:* evolution, risks and uncertainties. London: Elsevier, 2016.

SE2T INTERNATIONAL. Mercado Internacional Sustentável de Etanol Combustível: Penetração de Etanol de Origem Brasileira e Derivados e Formulações nos Mercados Norte-Americano e Europeu. Estudo para a Unica/MIDCE, abr. 2001.

SILVA, J. G. et al. *Energy balance for ethyl alcohol production from crops*. Science, v. 201. n. 4359, p. 903-906, 8 set. 1978.

SILVA, R. D. M. Perspectivas futuras da Tecnologia de produção de álcool e seus possíveis impactos", In: 1º Seminário de Tecnologia Industrial de Produção de Álcool, Campinas, SP, realizado pelo MIC – Ministério da Indústria e do Comércio, CENAL – Comissão Executiva Nacional do Álcool e STI – Secretaria de Tecnologia Industrial; agosto de 1984).

SILVA, O.; D. FISCHETTI. *Etanol – a revolução verde e amarela*. São Paulo: Bizz Editorial, 2008.

SILVEIRA, S. (Ed.). *Bioenergy – realizing the potential*. Oxford: Elsevier, 2005. 245 p.

SINDICOM "Combustíveis, Lubrificantes & Lojas de Conveniência 2014". Sindicato Nacional das Empresas Distribuidoras de Combustíveis e Lubrificantes, 176p., 2014. Disponível em: <www.sindicom.com.br/download/anuario_sindicom_2014_WEB.pdf>. Acesso em: 31 maio 2016.

SMA – SECRETARIA DO ESTADO DO MEIO AMBIENTE. "Resolução conjunta SMA-SAA n. 004 de 18 de setembro de 2008 - Dispõe sobre o Zoneamento Agroambiental para o setor sucroalcoleiro no Estado de São Paulo". Publicada em 20 de setembro de 2008, Seção I, 2008. Disponível em: <http://www.ambiente.sp.gov.br/etanolverde/zoneamento-agroambiental/>. Acesso em: 9 maio 2016.

SOUSA, P. L. de. *Diário da navegação da armada que foi à terra do Brasil em 1530 sob a Capitania-Mor de Martin Affonso de Sousa*. Lisboa: Typ. da Sociedade propagadora dos conhecimentos úteis, 1839. Disponível em: <https://books.google.com.br/books?id=-F8CAAAAYAAJ&hl=pt-BR&pg=PP7#v=onepage&q&f=false>. Acesso em: 31 maio 2016.

SOUSA, E. L. *Panorama energético internacional*. Disponível em: <http://www.senado.leg.br/comissoes/cre/ap/AP20110919_Eduardo_Leao.pdf>. Acesso em: 9 maio 2016.

SOUSA, E. L.L. de, e I. C. Macedo (Coord.). *Ethanol and bioelectricity: sugarcane in the future of the energy matrix*. English translation Brian Nicholson. São Paulo: Unica, 2011.

SOUZA, E. L. L.; MACEDO, I. C. *Etanol e bioeletricidade: a cana-de-açúcar no futuro da matriz energética*. São Paulo: Unica, 2010. 215 p.

SOUZA, G. M. et al. (Org.). *Bioenergy & sustainability:* bridging the gaps. Paris: SCOPE, 2008. Disponível em: <http://bioenfapesp.org/scopebioenergy/index.php>. Acesso em: 29 abr. 2016.

SZMRECSÁNYI, T. *O planejamento da agroindústria canavieira do Brasil (1930-1975)*. São Paulo: Editora Hucitec, 1979. 540 p.

TAUBE-NETTO, M. et al. *Sugarcane cropping and cattle husbandry integration*. In: Sustainability of Sugarcane Bioenergy. Updated edition. Brasília: Center for Strategic Studies and Management (CGEE), 2012.

TEIXEIRA, E. C. *O desenvolvimento da tecnologia flex-fuel no Brasil*. São Paulo: Instituto DNA Brasil, 2005.

TEIXEIRA, C. G.; José Gilberto Jardine, Gilberto Nicolella E Margarida Hoeppner Zaroni. INFLUÊNCIA DA ÉPOCA DE CORTE SOBRE O TEOR DE AÇÚCARES DE COLMOS DE SORGO SACARINO. Pesq. agropec. bras., Brasília, v. 34, n. 9, p. 1601-1606, set. 1999.

TRINDADE, S. C. *Brazilian Alcohol Fuels: A multi-sponsored program*. In: SPERLING, D. New Transportation Fuels: a strategic approach to technological change. Berkeley: University of California Press, 1984.

_____. *From Brazil to Malaysia: Worldwide View of Biofuels*. SECOND EUROPEAN MOTOR BIOFUELS FORUM. Graz, 23 set. 1996.

UDOP – UNIÃO DOS PRODUTORES DE BIOENERGIA. *STAB homenageia professor Nadir Glória em evento sobre vinhaça*. 27 set. 2015. Disponível em: <www.udop.com.br/index.php?item=noticias&cod=1128777>.

UDOP - UNIÃO DOS PRODUTORES DE BIOENERGIA. *Fluxograma da produção de açúcar a álcool*. Disponível em: <http://www.udop.com.br/download/curiosidades/fluxograma_producao_acucar_alcool.zip>. Acesso em: 13 maio 2016.

Unica, 2012b. *Panorama do setor sucroenergético no Brasil: os desafios para a próxima década*. F. O. Lichit Sugar and Ethanol Brazil, 2012.

UNICAMP – UNIVERSIDADE ESTADUAL DE CAMPINAS. *Máquina produz "lenha ecológica"*. Disponível em: <http://www.unicamp.br/unicamp/ju/2012/maquina-produzlenha-ecologica>. Acesso em: 27 abr. 2016.

UNIVERSO AGRO. *Começa semana mundial da cana*. Disponível em: <http://www.uagro.com.br/editorias/agroindustria/sucroenergetica/2013/06/24/comeca-semana-mundial-da-cana.html>. Acesso em: 28 abr. 2016.

WALTER, A. et al. *Brazilian sugarcane ethanol: developments so far and challenges for the future*. WIREs Energy Environ, n. 3, p. 70-92, 2014.

VALSECHI, O. *O processo Melle-Boinot de fermentação na sociedade de usinas de açúcar brasileira*. An. Esc. Super. Agric. Luiz de Queiroz, Piracicaba, v.1, 1944.

VETTORE, A. L. et al. *Analysis and functional annotation of an expressed sequence tag collection for tropical crop sugarcane*. Genome Research, 2003, v. 13, n. 12, p. 2725-2735, 2003.

VIAN, C. E. F.; CORRENTE, K. *Meios de Difusão de Informações Setoriais no Complexo Agroindustrial Canavieiro Nacional: Um Estudo Prospectivo e uma Agenda de Pesquisa*. Revista da História Econômica & Economia Regional Aplicada, v. 2, n. 2 jan.-jun. 2007.

VIDAL, J.W. B. *Brasil, civilização suicida*. Brasília: Editora Nação do Sol, 2000. 87 p.

VIEIRA DE CARVALHO et al. *Energetics, Economics and Prospects of Fuel Alcohols in Brazil*. In: Proceedings of the III International Symposium on Fuel Alcohol Technology. Volkswagen A.G. and the city of Wolfsburg, 1977.

WORLD BANK. *Energy in the developing countries*. A World Bank Country Study. Washington, 1980. Disponível em: <http://documents.worldbank.org/curated/en/1980/08/828128/energy-developing-countries>. Acesso em: 31 maio 2016.

YOUNGS, H. et al. Perspectives on bioenergy. In: SOUZA, G. M. et al. *Bioenergy & sustainability:* bridging the gaps. Paris: SCOPE, 2008.

Fontes das imagens

Figura 1	Por TEIXEIRA, Luís – Biblioteca da Ajuda (Lisboa). Domínio público. Disponível em: <https://commons.wikimedia.org/w/index.php?curid=1265681>. Acesso em: 26 abr. 2016.
Figura 2	Por SOUZA, Pêro Lopes de. Diário da navegação da armada que foi á terra do Brasil em 1530 sob a Capitania-Mor de Martin Affonso de Souza. Lisboa: Publicação de Adolpho Varnhagen, 1839. – Google Books, Domínio público. Disponível em: <https://commons.wikimedia.org/w/index.php?curid=11126876>. Acesso em: 26 abr. 2016.
Figura 3a	iStock.com.
Figura 3b	Autor.
Figura 4	AEA – ASSOCIAÇÃO BRASILEIRA DE ENGENHARIA AUTOMOTIVA. *AEA 30 anos*: a Associação Brasileira de Engenharia Automotiva e sua história. São Paulo: Blucher, 2014. p. 20.
Figura 5	CANAL CIÊNCIA. *Notáveis – Bernhard Gross*. Disponível em: <http://www.canalciencia.ibict.br/notaveis/bernhard_gross.html>. Acesso em: 26 abr. 2016.
Figura 6	Por Governo do Brasil – Galeria de Presidentes. Domínio público. Disponível em: <https://commons.wikimedia.org/w/index.php?curid=19030447>. Acesso em: 26 abr. 2016.
Figura 7	YOUNGS, H. et al. Perspectives on bioenergy. In: SOUZA, G. M. et al. *Bioenergy & sustainability*: bridging the gaps. Paris: SCOPE, 2008. p. 235.
Figura 8	AMORIM, H. V. (Org.). *Fermentação alcoólica*: ciência e tecnologia. Piracicaba: Fermentec, 2005. p. 158.
Figura 9	SZMRECSÁNYI, T. *O planejamento da agroindústria canavieira do Brasil (1930-1975)*. São Paulo: Hucitec, 1979. Capa.
Figura 10	Cortesia de Alyne Bautista.
Figura 11	Cortesia da Petrobras.
Figura 12	GORDINHO, M. C. *Do álcool ao etanol*: trajetória única. São Paulo: Terceiro Nome: Unica, 2010. p. 25.
Figura 13	CRUZ, C. H. B.; CORTEZ, L. A. B.; SOUZA, G. M. Biofuels for transport. In: Letcher, T. M. *Future energy: improved, sustainable and clean options for our planet*. Londres: Elsevier, 2014. p. 266.
Figura 14	ECOD. *José Goldemberg*. Disponível em: <http://www.ecodesenvolvimento.org/colunistas/jose-goldemberg>. Acesso em: 26 abr. 2016.

Figura 15   SILVA, J. G. et al. Energy balance for ethyl alcohol production from crops. *Science*, v. 201, n. 4359, p. 903, 8 set. 1978.

Figura 16   AEITA – ASSOCIAÇÃO DOS ENGENHEIROS DO INSTITUTO TECNOLÓGICO DE AERONÁUTICA. *Arquivo: Urbano Ernesto Stumpf*. Disponível em: <www.aeitaonline.com.br/wiki/index.php?title=Arquivo:Urbano_Ernesto_Stumpf.JPG>. Acesso em: 27 abr. 2016.

Figura 17   CGEE – CENTRO DE GESTÃO E ESTUDOS ESTRATÉGICOS; BNDES – BANCO NACIONAL DE DESENVOLVIMENTO ECONÔMICO E SOCIAL. *Bioetanol de cana-de-açúcar*: energia para o desenvolvimento sustentável. Rio de Janeiro, 2008. Capa.

Figura 18   Cortesia de Jaime Finguerut.

Figura 19   Cortesia de Vera Gerez.

Figura 20a   Cortesia da Volkswagen Brasil.

Figura 20b   Cortesia da Volkswagen Brasil.

Figura 20c   Cortesia de Eugênio Coelho.

Figura 21   IEA – INSTITUTO DE ESTUDOS AVANÇADOS DA UNIVERSIDADE DE SÃO PAULO. *José Israel Vargas*. Disponível em: <http://www.iea.usp.br/imagens/jose-israel-vargas>. Acesso em: 2 maio 2016.

Figura 22   Cortesia de Henrique Vianna de Amorim.

Figura 23   ORTEGA, E.; WATANABE, M. D. B.; CAVALETT, O. A produção de etanol em micro e mini destilarias. In: CORTEZ, L. A. B.; LORA, E. S.; GÓMEZ, E. O. (Ed.). *Biomassa para energia*. Campinas: Editora Unicamp, 2008. p. 475-491.

Figura 24   GOLDEMBERG, J. An hystorical account of bioenergy production in Brazil. In: BBEST – BIOETHANOL SCIENCE AND TECHNOLOGY CONFERENCE, 1, 2011, Campos do Jordão. Anais... Campos do Jordão, 2011. p. 14.

Figura 25   GOLDEMBERG, J. An hystorical account of bioenergy production in Brazil. In: BBEST – BIOETHANOL SCIENCE AND TECHNOLOGY CONFERENCE, 1., 2011, Campos do Jordão. Anais... Campos do Jordão, 2011. p. 14.

Figura 26   ESALQ – ESCOLA SUPERIOR DE AGRICULTURA LUIZ DE QUEIROZ. *Projeto memória*. Disponível em: <http://www.esalq.usp.br/acom/EN_FB/EN_33/files/assets/seo/page8.html>. Acesso em: 27 abr. 2016.

Figura 27   Cortesia de Jaime Finguerut.

Figura 28   ANA – AGÊNCIA NACIONAL DE ÁGUAS et al. *Manual de conservação e reúso de água na agroindústria sucroenergética*. Brasília, DF, 2009. p. 49.

Figura 29   UNICAMP – UNIVERSIDADE ESTADUAL DE CAMPINAS. *Máquina produz "lenha ecológica"*. Disponível em: <http://www.unicamp.br/unicamp/ju/2012/maquina-produzlenha-ecologica>. Acesso em: 27 abr. 2016.

Figura 30   Cortesia de Luís Cortez.

Figura 31   Cortesia de Patrícia Isabel Santos Sobral.

Figura 32   BRASIL AÇUCAREIRO. Rio de Janeiro, v. 76, n. 2, ago. 1970. Capa. Disponível em: <https://archive.org/details/brasilacuca1970vol76v2>. Acesso em: 27 abr. 2016.

Figura 33	DINARDO-MIRANDA, L. L.; VASCONCELOS, A. C. M. de; LANDELL, M. G. de A. *Cana-de-açúcar*. Campinas: Instituto Agronômico, 2008. 882 p. Capa.
Figura 34	NYKO, D. et al. A evolução das tecnologias agrícolas do setor sucroenergético: estagnação passageira ou crise estrutural? *BNDES Setorial*, Bioenergia, n. 37, p. 407, 2013. Disponível em: <www.bndes.gov.br/SiteBNDES/export/sites/default/bndes_pt/Galerias/Arquivos/conhecimento/bnset/set3710.pdf>. Acesso em: 27 abr. 2016.
Figura 35	Cortesia de Gerhard Waller.
Figura 36	Cortesia de José Olivério.
Figura 37	Cortesia de José Olivério.
Figura 38	Cortesia de José Olivério.
Figura 39	Cortesia de Jaime Finguerut.
Figura 40	Cortesia de José Olivério.
Figura 41	Cortesia de José Olivério.
Figura 42	Cortesia de Colombo Celso Gaeta Tassinari.
Figura 43	Cortesia de Colombo Celso Gaeta Tassinari.
Figura 44	Cortesia de Suani Coelho.
Figura 45	Cortesia de Francisco Nigro.
Figura 46	Autor com dados de Datagro, Ipea, Investing, IBGE, Unica.
Figura 47	FAPESP – FUNDAÇÃO DE AMPARO À PESQUISA DO ESTADO DE SÃO PAULO. Brasil líder mundial em conhecimento e tecnologia de cana e etanol - A contribuição da FAPESP. Disponível em: <http://www.fapesp.br/2919>. Acesso em: 28 abr. 2016.
Figura 48	CORTEZ, L. A. B. et al. An assessment on Brazilian government initiatives and policies for the promotion of biofuels through research, commercialization and private investment support. In: SILVA, S. da S.; CHANDEL, A. K. (Ed.). *Biofuels in Brazil*: fundamental aspects, recent developments, and future perspectives. São Paulo: Springer, 2014a. p. 47.
Figura 49	iStock.com
Figura 50	Cortesia de Guilherme Ribeiro Gray.
Figura 51	CANASAT. *Mapa da colheita*. Disponível em: <http://www.dsr.inpe.br/laf/canasat/colheita.html>. Acesso em: 28 abr. 2016.
Figura 52	GOLDEMBERG, J. et al. Ethanol learning curve – the Brazilian experience. *Biomass and Bioenergy*, v. 26, n. 3, p. 303, mar. 2004.
Figura 53a	CRUZ, C. H, B. *Pesquisa em Bioenergia em São Paulo*. 2010. p. 5. Disponível em: <http://www.esalq.usp.br/instituicao/docs/centro_paulista_de_bioenergia.pdf>. Acesso em: 9 maio 2016.
Figura 53b	CRUZ, C. H, B. *Pesquisa em Bioenergia em São Paulo*. 2010. p. 5. Disponível em: <http://www.esalq.usp.br/instituicao/docs/centro_paulista_de_bioenergia.pdf>. Acesso em: 9 maio 2016.

Figura 54	FINGUERUT, J. Simultaneous production of sugar and alcohol from sugarcane. In: ISSCT CONGRESS, 25., 2005, Guatemala. *Proceedings...* Guatemala, 2005. p. 31
Figura 55	OLIVÉRIO, J. L. Evolução tecnológica do setor sucro alcooleiro: a visão da indústria de equipamentos. In: CONGRESSO NACIONAL DA STAB, 8., Recife, nov. 2002. *Anais...* Recife, 2002. p. 738.
Figura 56	OLIVÉRIO, J. L. Evolução Tecnológica do Setor Sucro Alcooleiro: a visão da indústria de equipamentos. In: CONGRESSO NACIONAL DA STAB, 8., Recife, nov. 2002. *Anais...* Recife, 2002. p. 737.
Figura 57	PORTAL JORNAL CANA. *Política energética deve estar acoplada a política de governo.* Disponível em: <https://www.jornalcana.com.br/politica-energetica-deve-estar-acoplada-a-politica-de-governo/>. Acesso em: 28 abr. 2016.
Figura 58	UNIVERSO AGRO. *Começa semana mundial da cana.* Disponível em: <http://www.uagro.com.br/editorias/agroindustria/sucroenergetica/2013/06/24/comeca-semana-mundial-da-cana.html>. Acesso em: 28 abr. 2016.
Figura 59	CRUZ, C. H. B.; CORTEZ, L. A. B.; SOUZA, G. M. Biofuels for Transport. In: LETCHER, T. M. (Ed.). *Future energy*: improved, sustainable and clean options for our planet. London: Elsevier, 2014. p. 228.
Figura 60	PESQUISA MÉDICA. *Desigualdade ambiental.* Disponível em: <http://www.revistapesquisamedica.com.br/portal/textos.asp?codigo=11621>. Acesso em: 28 abr. 2016.
Figura 61	DATAGRO CONFERENCES. *Speakers.* Disponível em: <http://datagroconferences.com.br/conferenciadatagro2014/en/speakers>. Acesso em: 28 abr. 2016.
Figura 62	UDOP – UNIÃO DOS PRODUTORES DE BIOENERGIA. *Fluxograma da produção de açúcar a álcool.* Disponível em: <http://www.udop.com.br/download/curiosidades/fluxograma_producao_acucar_alcool.zip>. Acesso em: 13 maio 2016.
Figura 63	BRASIL. MAPA – Ministério da Agricultura, Pecuária e Abastecimento. Zoneamento Agroecológico da Cana-de-Açúcar. Documentos 110. Setembro, 2009. p. 27. Disponível em: <www.mma.gov.br/estruturas/182/_arquivos/zaecana_doc_182.pdf>. Acesso em: 20 abr. 2016.
Figura 64	SMA – SECRETARIA DO ESTADO DO MEIO AMBIENTE. "Resolução conjunta SMA-SAA n. 004 de 18 de setembro de 2008 – Dispõe sobre o Zoneamento Agroambiental para o setor sucroalcooleiro no Estado de São Paulo". Publicada em 20 de setembro de 2008, Seção I, 2008. Disponível em: <http://www.ambiente.sp.gov.br/etanolverde/zoneamento-agroambiental/>. Acesso em: 9 maio 2016.
Figura 65	BNDES – BANCO NACIONAL DE DESENVOLVIMENTO ECONÔMICO E SOCIAL; CGEE – CENTRO DE GESTÃO E ESTUDOS ESTRATÉGICOS. *Bioetanol de cana-de-açúcar*: energia para o desenvolvimento sustentável. Rio de Janeiro, 2008. p. 198.
Figura 66	Autor.
Figura 67	Cortesia de Dedini e Fermentec.
Figura 68	Cortesia de José Olivério.
Figura 69	Cortesia de José Olivério.
Figura 70	Cortesia de José Olivério.

Fontes das imagens | 215

Figura 71	Cortesia de José Olivério.
Figura 72	Cortesia de José Olivério.
Figura 73	Cortesia de José Olivério.
Figura 74	JORNALCANA. Ribeirão Preto, v. 258, jul. 2015. Capa.
Figura 75	AEA – ASSOCIAÇÃO BRASILEIRA DE ENGENHARIA AUTOMOTIVA. *AEA 30 anos*: a Associação Brasileira de Engenharia Automotiva e sua história. São Paulo: Blucher, 2014. p. 105.
Figura 76	Cortesia de Eugenio Verni.
Figura 77	PORTAL JORNAL CANA. *BNDESPar compra participação no CTC*. Disponível em: <https://www.jornalcana.com.br/bndespar-compra-participacao-no-ctc/>. Acesso em: 28 abr. 2016.
Figura 78	Cortesia de Rogério Cézar de Cerqueira Leite.
Figura 79	LEITE, R. C. de C. et al. Can Brazil Replace 5% of the 2025 Gasoline World Demand with Ethanol. *Energy*, v. 34, p. 655, 2009.
Figura 80	LEITE, R. C. de C. et al. Can Brazil Replace 5% of the 2025 Gasoline World Demand with Ethanol. *Energy*, v. 34, p. 657, 2009.
Figura 81	CNPq – CONSELHO NACIONAL DE DESENVOLVIMENTO CIENTÍFICO E TECNOLÓGICO. *Currículo Lattes de Marco Aurelio Pinheiro Lima*. Disponível em: <http://buscatextual.cnpq.br/buscatextual/visualizacv.do?id=K4783080D5>. Acesso em: 9 maio 2016.
Figura 82	Cortesia do Laboratório Nacional de Ciência e Tecnologia do Bioetanol.
Figura 83a	Cortesia de Oscar Braunbeck.
Figura 83b	Cortesia de Oscar Braunbeck.
Figura 84	Cortesia de Oscar Braunbeck.
Figura 85a	Cortesia de Carlos Vaz Rossell.
Figura 85b	Cortesia de Antonio Bonomi.
Figura 85c	Cortesia de Oscar Braunbeck.
Figura 86	BONOMI, A. et al. *Virtual biorefinery*: an optimization strategy for renewable carbon valorization. Zurich: Springer, 2016. Capa.
Figura 87	Cortesia de Regis Leal.
Figura 88	Cortesia de Luís Cortez.
Figura 89	CORTEZ, L. A. B. (Org.). *Bioetanol de cana-de-açúcar*: pesquisa e desenvolvimento em produtividade e sustentabilidade. São Paulo: Blucher, 2010. Capa.
Figura 90	Cortesia de Roberto Rodrigues.
Figura 91	Cortesia da Embrapa Agroenergia.

Figura 92	Cortesia de André M. Nassar.
Figura 93	Cortesia de José Roberto Moreira.
Figura 94	Cortesia de José Roberto Moreira.
Figura 95	MACEDO, I. C.; SEABRA, J. E. A.; SILVA, J. E. A. R. Greenhouse gas emissions in the production and use of ethanol from sugarcane in Brazil: the 2005/2006 averages and prediction for 2020. *Biomass & Bioenergy*, v. 32, n. 7, p. 582-595, jul. 2008. Disponível em: <https://www.researchgate.net/publication/222148801_Greenhouse_gas_emissions_in_the_production_and_use_of_ethanol_from_sugarcane_in_Brazil_the_20052006_averages_and_prediction_for_2020_Biomass_Bionergy>. Acesso em: 20 maio 2016.
Figura 96	Cortesia de BIOEN/FAPESP – Bioenergia da Fundação de Amparo à Pesquisa do Estado de São Paulo.
Figura 97	Cortesia Carlos Henrique de Brito Cruz.
Figura 98	Cortesia de Mariana Massafera/BIOEN.
Figura 99	Cortesia de Mariana Massafera/BIOEN.
Figura 100a	Cortesia de Gláucia Mendes Souza.
Figura 100b	Cortesia de Rubens Maciel Filho.
Figura 100c	Cortesia de Heitor Cantarella.
Figura 100d	Cortesia de Marie-Anne von Sluys.
Figura 101	Cortesia de Gláucia Mendes Souza.
Figura 102	Cortesia de Marcos Silveira Buckeridge.
Figura 103	Cortesia de Henrique Mourão.
Figura 104	Cortesia da SPBioenRC.
Figura 105a	Cortesia de Carlos Labate.
Figura 105b	Cortesia de Andreas Gombert.
Figura 105c	Cortesia de Nelson Stradiotto.
Figura 106	Cortesia de Telma Franco.
Figura 107	Cortesia de Telma Franco.
Figura 108	Cortesia da Petrobras.
Figura 109	Cortesia de Rubens Maciel Filho.
Figura 110	Cortesia de Luís Cortez.
Figura 111a	Cortesia de Marcus Carmo.

Figura 111b Cortesia de Marcus Carmo.

Figura 112 Adaptada de LOGUM LOGÍSTICA S. A. *Relatório de Impacto Ambiental –Projeto Logum*. Trecho Paulínia-RMSP-Santos. São Paulo: MKR-Logum, 2014. p. 4. v. 1. Disponível em: <http://imagenature.com.br/wp-content/uploads/2014/07/logum-rima-2014-02-25-BAIXA.pdf>. Acesso em: 14 set. 2015.

Figura 113 Cortesia da UNICA – União da Indústria de Cana-de-Açúcar.

Figura 114 Cortesia de Plínio Nastari.

Figura 115 CCAS – CONSELHO CIENTÍFICO PARA AGRICULTURA SUSTENTÁVEL. *Conselheiros*. Disponível em: <http://agriculturasustentavel.org.br/conselheiros/luiz-carlos-correa-carvalho>. Acesso em: 28 abr. 2016.

Figura 116 Cortesia de Sergio C. Trindade.

Figura 117 Cortesia de Sergio C. Trindade.

Figura 118 CORTEZ, L. A. B. (Org.). *Roadmap for sustainable biofuels for aviation in Brazil*. São Paulo: Blucher, 2014b. 272 p. Capa. Disponível em: <blucheropenaccess.com.br/issues/details/4>. Acesso em: 28 abr. 2016.

Figura 119 CORTEZ, L. A. B. et al. An Assessment on Brazilian Government Initiatives and Policies for the Promotion of Biofuels Through Research, Commercialization and Private Investment Support. In: SILVA, S. S. da; CHANDEL, A. K. (Ed.). *Biofuels in Brazil*: fundamental aspects, recent developments, and future perspectives. São Paulo: Springer, 2014a. p. 56.

Figura 120a Cortesia de BIOEN/FAPESP – Bioenergia da Fundação de Amparo à Pesquisa do Estado de São Paulo.

Figura 120b Cortesia da Sociedade de Bioenergia.

Figura 121 FAPESP – Fundação de Amparo à Pesquisa do Estado de São Paulo. *World directory of advanced renewable fuels and chemicals*. Disponível em: <http://www.fapesp.br/9120>. Acesso em: 28 abr. 2016.

Figura 122 Cortesia de Márcia Azanha Ferraz Dias de Moraes.

Figura 123 FAPESP – Fundação de Amparo à Pesquisa do Estado de São Paulo. *Apresentação da chamada PSA Peugeot Citroën*. Disponível em: <http://www.fapesp.br/7412>. Acesso em: 6 maio 2016.

Figura 124 LAGO, A. C. et al. Sugarcane as a carbon source: the Brazilian case. *Biomass and Bioenergy*, Oxford, v. 46, p. 6, 2012.

Figura 125 NOVA CANA. *Impactos do etanol na redução das emissões de gases de efeito estufa*. [20??]. Disponível em: <https://www.novacana.com/sustentabilidade/impactos-reducao-emissoes-gases-efeito-estufa/>. Acesso em: 12 maio 2016.

Figura 126 SOUSA, E. L. *Panorama energético internacional*. p. 22. Disponível em: <http://www.senado.leg.br/comissoes/cre/ap/AP20110919_Eduardo_Leao.pdf>. Acesso em: 9 maio 2016.

Figura 127 Cortesia de Ricardo Baldassin.

Figura 128 Cortesia de Ricardo Baldassin.

Figura 129 BRASIL. Ministério de Minas e Energia. *Balanço energético nacional*. Brasília, DF, 2015b. p. 21. Disponível em: <https://ben.epe.gov.br/downloads/Relatorio_Final_BEN_2015.pdf>. Acesso em: 9 maio 2016.

Figura 130a CORTEZ, L. *Projeto LACAf – Cane: Contribuição de produção de bioenergia pela América Latina, Caribe e África ao projeto GSB*. Relatório técnico de pesquisa. Campinas: FAPESP, 2014c.

Figura 130b CORTEZ, L. *Projeto LACAf – Cane: Contribuição de produção de bioenergia pela América Latina, Caribe e África ao projeto GSB*. Relatório técnico de pesquisa. Campinas: FAPESP, 2014.

Figura 131a Cortesia de Ricardo Baldassin.

Figura 131b Cortesia de Ricardo Baldassin.

Figura 132a NEWMAN, D. *U.S. ethanol policy and trade*. 2011. p. 7-8. Disponível em: <https://www.usitc.gov/research_and_analysis/documents/ethanol_trade_policy_seminar05112011revised2_0.pdf>. Acesso em: 13 maio 2016.

Figura 132b NEWMAN, D. *U.S. ethanol policy and trade*. 2011. p. 7-8. Disponível em: <https://www.usitc.gov/research_and_analysis/documents/ethanol_trade_policy_seminar05112011revised2_0.pdf>. Acesso em: 13 maio 2016.

Figura 133a Cortesia de Ricardo Baldassin.

Figura 133b Cortesia de Ricardo Baldassin.

Figura 134 Cortesia de Francisco Rosillo-Calle.

Figura 135 Cortesia de Peta Smyth.

Figura 136 Cortesia de Helena Chum.

Figura 137 Cortesia de Luiz Augusto Horta Nogueira.

Figura 138 Cortesia de Semida Silveira.

Figura 139 Cortesia de Guido Zacchi.

Figura 140 Cortesia de Lee Lynd.

Figura 141 FAPESP – Fundação de Amparo à Pesquisa do Estado de São Paulo. *Fapesp week London*. Disponível em: <http://www.fapesp.br/week2013/london/>. Acesso em: 6 maio 2016.

Figura 142 NEW PARTNERSHIP FOR AFRICA'S DEVELOPMENT. Disponível em: <http://www.nepad.org/>. Acesso em: 9 maio 2016.

Figura 143 Cortesia de Patricia Osseweijer.

Figura 144 Cortesia de Luuk van der Wielen.

Figura 145 Cortesia de Paul H. Moore.

Figura 146 SOUZA, G. M. et al. (Org.). *Bioenergy & sustainability*: bridging the gaps. Paris: SCOPE, 2008. Capa. Disponível em: <http://bioenfapesp.org/scopebioenergy/index.php>. Acesso em: 29 abr. 2016.

Figura 147 Adaptada de OLIVÉRIO, J. L.; BOSCARIOL, F. C., 2013. p. 1525.

Índice onomástico

A

Ademar Espironello, 70
Adilson Roberto Gonçalves, 119
Ailton Casagrande, 70
Alaídes P. Rushel, 70
Alan Poole, 92
Albert J. Mangelsdorf, 183
Alberto Pereira de Castro, 32
Alexander von Humboldt, 18
Alfred Szwarc, 64, 103, 109
Álvaro Sanguino, 71, 163
Américo Martins Craveiro, 100
André Francisco de Andrade Arantes, 61
André Tosi Furtado, 159
André M. Nassar, 129
André Vitti, 70
Andreas Gombert, 142
Anibal Ramos de Matos, 22
Antonio Bonomi, 119, 122, 125, 126
Antonio César Salibe, 61
Antonio Dias Leite Júnior, 29
Antônio de Pádua Rodrigues, 63
Antônio José de Almeida Meirelles, 95
Araken de Oliveira, 30
Arnaldo Walter, 122
Arnaldo Vieira de Carvalho, 35
Arthur Harden, 20
Arthur Mendonça, 71
Auguste de Saint-Hilaire, 18
Aureliano Chaves, 38, 41

B

Bernardo Gradin, 147
Bernardo van Raij, 70
Besaliel Botelho, 35
Bruno Alves, 70

C

Caio Sanchez, 58
Carl Friedrich Philipp von Martius, 18
Carlos Luengo, 58
Carlos Costa Ribeiro, 35
Carlos Crusciol, 70
Carlos Joly, 106, 183
Carlos Labate, 124, 142
Carlos Henrique de Brito Cruz, 132
Carlos Lorena, 42
Carlos Vaz Rossell, 25, 72, 125
Charles Darwin, 18
Cícero Junqueira Franco, 29, 30, 31, 36
Cláudio de Veiga Brito, 62
Cláudio Moura, 58
Claudimir Penatti, 70
Cristóvão Colombo, 15
Cylon Gonçalves, 124

D

David Hall, 178
David Zilberman, 160
Deniol Tanaka, 33
Deon J. L. Hullet, 25
Dom Pedro II, 18
Dom João VI, 18

Domingos Gallo, 68
Dovílio Ometto, 40
Duarte Coelho Pereira, 15

E

Edgardo Olivares Gómez, 146
Edgard de Beauclair, 70
Eduardo Carvalho, 82, 115
Eduardo Celestino Rodrigues, 32
Eduardo Almeida, 146
Eduardo Gianetti da Fonseca, 42
Eduardo Lima, 70
Eduardo Sabino de Oliveira, 20, 38
Elba Bonn, 119
Electo Silva-Lora, 58
Elias Sultanu, 70
Enrico B. Arrigoni, 69
Enrique Ortega, 52
Ernesto Geisel, 29
Expedito José de Sá Parente, 29
Euripedes Malavolta, 70

F

Fernando Damasceno, 35
Fernando de la Riva Averhoff, 62
Fernando dos Reis, 30
Fernando Henrique Cardoso, 82
Fernando Homem de Mello, 42

Fernando Landgraff, 58
Francisco Nigro, 35, 39, 46, 80, 156
Francisco Maugeri Filho, 94
Francisco Rosillo-Calle, 178
Franz Wilhelm Dafert, 18
Fumio Yokoya, 101

G

Gabriel Murgel Branco, 103
Gaspar Korndorfer, 70
George Jackson de Moraes Rocha, 119
Getúlio Vargas, 20, 21, 23, 24
Gil Eduardo Serra, 37
Glauber Gava, 70
György Miklós Böhm, 64, 103
Gláucia Mendes Souza, 138, 183
Godofredo Vitti, 70
Gonçalo Pereira, 147
Guido Ranzani, 23
Guido Zacchi, 180
Guilhermo A. Roca, 146
Gustavo Paim Valença, 182

H

Haldor Topsøe, 35
Hasime Tokeshi, 71
Heitor Cantarella, 70, 138, 156, 163
Helena Chum, 179

Hélio Mattar, 33
Heloisa Lee Burnquist, 181
Henrique Vianna de Amorim, 42, 47, 95
Henry Ford, 19
Henry Joseph Júnior, 19, 20, 35
Hermann Hoffman, 66

I

Igor Polikarpov, 119
Irma Passoni, 42
Isaías Macedo, 25, 92, 100, 131, 163, 173, 179
Ivo Richbieter, 110

J

Jacó Bittar, 42
Jaime Finguerut, 25, 74, 101
Jairo Mazza, 70
Jayme Rocha de Almeida, 23
Jeremy Woods, 181
João Batista de Almeida, 23
João Camilo Penna, 29, 45
João Eduardo de Morais Pinto Furtado, 159
João Guilherme Sabino Ometto, 62
John Sheehan, 181
Jorge Lucas Júnior, 109
Jorge Luis Donzelli, 90, 121
Jorge Leme Júnior, 23
Jorge Morelli, 70

Índice onomástico | **221**

José A. Lutzemberger, 42
José Antonio Quaggio, 70
José Carlos Campana Gerez, 37
José Carlos Maranhão, 62
José Fernandes, 71
José Francisco da Silva, 42
José Goldemberg, 34, 37, 42, 79, 87, 91
José Israel Vargas, 41
José Ivo Baldani, 70
José L. I. Demattê, 70
José Luz Silveira, 59
José Luiz Olivério, 74, 111
José Orlando Filho, 70
José Paulo Molin, 71
José Paulo Stupiello, 95, 101
José Roberto Moreira, 37, 38, 64, 79, 130
José Roberto Postali Parra, 69, 71, 163
José Walter Bautista Vidal, 29
Júlio Maria Borges, 154

K

Karl Richbieter, 110
Keith Kline, 181
Kurt Politzer, 49

L

Lair Antônio de Souza, 30
Lamartine Navarro Júnior, 29, 30, 48, 61

Lauro de Barros Siciliano, 20
Lee Lynd, 180
Lee S. Tseng, 71
Leila Luci Dinardo-Miranda, 69, 163
Louis Pasteur, 18
Lourival Carmo Monaco, 41
Luís Cortez, 121, 127, 146, 155, 158, 171
Luis G. Mialhe, 71
Luiz Augusto Horta Nogueira, 156, 171, 179
Luiz Carlos Corrêa Carvalho, 26, 153
Luís Carlos Guedes Pinto, 42
Luiz Gonzaga Bertelli, 29
Luiz Machado Baeta Neves, 22
Luiz Ramos, 119
Luuk van der Wielen, 182

M

Manoel Regis Lima Verde Leal, 25, 35, 100, 121, 122, 126, 171
Manoel Sobral Júnior, 25, 62, 63, 121
Marcelo Moreira, 104
Marcelo Zaiat, 100
Márcia Azanha Ferraz Dias de Moraes, 100, 156, 160, 168
Márcia Jostino Rossini Mutton, 56
Márcio Souza-Santos, 58
Marco Aurélio Pinheiro Lima, 124
Marcos Guimarães de Andrade Landell, 67
Marcos Jank, 181

Marcos Sanches, 66
Marcos Silveira Buckeridge, 122, 139
Maria Aparecida Silva, 146
Maria da Conceição Tavares, 42
Maria da Graça de Almeida Felipe, 119
Maria Emília Rezende, 78
Marie-Anne van Sluys, 138
Mário Dedini, 40
Mario Myaiese, 25, 192
Martim Afonso de Souza, 15, 16
Maurílio Biagi, 30
Miguel Mutton, 70
Mircea Manolescu, 30
Monteiro Lobato, 21
Murilo Marinho, 70

N

Nadir Almeida da Glória, 56, 70
Napoleão Bonaparte, 16
Nedo Eston de Eston, 33, 46
Nelson Ramos Stradiotto, 96, 142
Newton Macedo, 71

O

Octávio Antonio Valsechi, 26, 66
Oscar Braunbeck, 52, 71, 88, 122, 124, 125
Oswaldo Gonçalves de Lima, 22
Otto Crocomo, 71
Ozires Silva, 29

P

Patricia Osseweijer, 182
Paul H. Moore, 183
Paulo Arruda, 86
Paulo Botelho, 71
Paulo Graziano Magalhães, 88
Paulo Saldiva, 64, 103
Paulo Seleghim Júnior, 119
Paulo Mazzafera, 124
Paulo R. Castro, 71
Paulo Trivelin, 70
Pedro Biagi Neto, 62
Pedro Donzelli, 70
Pedro Ramos, 27
Pery Figueiredo, 71
Pierre Chenu, 25
Plínio Nastari, 31, 62, 81, 90, 152, 163, 185

R

Raffaella Rossetto, 70, 163
Reynaldo Vitória, 183
Robert M. Boddey, 69, 70
Roberta Barros Meira, 19
Roberto Rodrigues, 128
Rodrigo Leal, 156
Rogério Cezar de Cerqueira Leite, 42, 119, 121
Rodrigues Alves, 19

Romeu Botto Dantas, 48
Romeu Corsini, 52
Rubens Maciel Filho, 138, 145
Rubismar Stolf, 70

S

Saul D'Ávila, 58, 78
Segundo Urquiaga, 70
Semida Silveira, 180
Sergio C. Trindade, 35, 62, 120, 153, 173, 179
Sérgio Robles Reys de Queiroz, 159
Sérgio Motta, 37
Sérgio Salles Filho, 157
Severo Fagundes Gomes, 29
Shigeaki Ueki, 30
Sidney Brunelli, 25, 192
Sílvia Azucena Nebra, 51
Sílvio Roberto Andrietta, 94
Siu M. Tsai, 70
Sizuo Matsuoka, 71
Stephan Wolinec, 33
Suani Coelho, 79
Suleiman José Hassuani, 25, 90

T

Tamás Szmrecsányi, 27
Tadeu Coletti, 70
Telma Franco, 128, 143, 156, 182

Themístocles Rocha, 58, 78
Tobias J. Barretto de Menezes, 29
Tomaz Caetano Cannavan Rípoli, 89

U

Ulf Schuchardt, 38, 39, 55, 156
Urbano Ernesto Stumpf, 35

V

Vera L. Baldani, 70
Verônica Reis, 70
Victor Yang, 35
Virginia Dale, 181
Vitorio L. Furlani, 71

W

Waldir Bizzo, 58
Waldyr Luiz Ribeiro Gallo, 161
Waldomiro Bittencourt, 70
Walter Vergara, 35
Walter Borzani, 46
William Burnquist, 25
William John Young, 20
Wilson R. T. Novaretti, 69, 71

Sobre os autores

Carlos Henrique de Brito Cruz – Professor do Instituto de Física Gleb Wataghin (IFGW/Unicamp) e diretor científico (Fapesp).

Gláucia Mendes Souza – Professora do Instituto de Química (IQ/USP) e coordenadora do Programa de Pesquisas em Bioenergia (BIOEN/Fapesp).

Heitor Cantarella – Pesquisador do Instituto Agronômico de Campinas (IAC/APTA) e coodenador do Programa de Pesquisas em Bioenergia (BIOEN/Fapesp).

Luís Augusto Barbosa Cortez – Professor da Faculdade de Engenharia Agrícola (FEAGRI/Unicamp) e coordenador adjunto de Programas Especiais (Fapesp).

Marie-Anne van Sluys – Professora do Instituto de Biologia (IB/USP) e coordenadora do Programa de Pesquisas em Bioenergia (BIOEN/Fapesp).

Rubens Maciel Filho – Professor da Faculdade de Engenharia Química (FEQ/Unicamp) e coordenador do Programa de Pesquisas em Bioenergia (BIOEN/Fapesp).